ART ENCYCLOPEDIA

BOOKS

青少年科学与艺术素养丛书

外国美学

小书虫读经典工作室　编著

天地出版社 | TIANDI PRESS
山东人民出版社 · 济南
国家一级出版社 全国百佳图书出版单位

图书在版编目（CIP）数据

外国美学 / 小书虫读经典工作室编著. 一 成都：天地出版社；济南：山东人民出版社, 2022.6
（青少年科学与艺术素养丛书；13）
ISBN 978-7-5455-7078-6

Ⅰ. ①外… Ⅱ. ①小… Ⅲ. ①美学史—国外—青少年读物 Ⅳ. ①B83-091

中国版本图书馆CIP数据核字（2022）第072430号

WAIGUO MEIXUE
外国美学

出品人　杨　政
编　著　小书虫读经典工作室
责任编辑　李红珍　李菁菁
装帧设计　高高国际
责任印制　董建臣

出版发行　天地出版社
（成都市锦江区三色路238号　邮政编码：610023）
（北京市方庄芳群园3区3号　邮政编码：100078）
山东人民出版社
（山东省济南市市中区舜耕路517号11-14层　邮政编码：250003）
网　址　http://www.tiandiph.com
电子邮箱　tianditg@163.com
经　销　新华文轩出版传媒股份有限公司

印　刷　北京盛通印刷股份有限公司
版　次　2022年6月第1版
印　次　2022年6月第1次印刷
开　本　700mm×1000mm 1/16
印　张　300（全20册）
字　数　4800千字（全20册）
定　价　998.00元（全20册）
书　号　ISBN 978-7-5455-7078-6

咨询电话：（028）86361282（总编室）
购书热线：（010）67693207（营销中心）

厚植沃土——在知识与知识之间

序一

高品质的图书是精良的知识补给，对于基础教育至关重要。它应该是客观的、开阔的、系统性的。“青少年科学与艺术素养丛书”由小书虫读经典工作室编著，整套图书共20册，涉及艺术素养的有10册，它们内容翔实，不仅涵盖了中国和外国的绘画史、文学史等基础内容，亦包括关于中国书法史和中外音乐史、建筑史、戏剧史等别具一格的分册。

系统的知识构成，体现出教育认知的深度。各分册之间的内在关联，则凸显出丛书的科学性和计划性。在这套丛书中，各门类知识之间不仅环环相扣，更是相互嵌套的。知识之间的这种线性链接和复合交错的双重属性，就是知识的基础结构，它是促成人类自主认知机制的内在支撑。比如丛书中《外国美学》与《外国绘画》就是这种链接关系，美学史与绘画史之间，既是抽象和具体的关系，亦是文本和现实的对照。

精良的知识系统具有复合性。各知识门类之间彼此交叉、互为成全。建筑、戏剧等具有空间属性的艺术，本身便是社会现实的写照，体现了人类在自然条件下开拓和营造空间的能力。它既得益于知识之间的相互结合，又是孕育新知识的母体。建筑艺术就是这方面的典型，它一方面依赖于知识的综合性，一方面又营造了知识生产的文化生态，成为新知识培育和娩出的子宫。丛书中的分册《中外建筑》着实令我欣喜，这俨然显示出一种气象不凡的新型知识格局。

优质的系列丛书具备均衡性。就公民美育的目标而言，大美术是一个富于活力的概念，它为整体素质的提升创造了更为丰富的成长路径和进步空间，对处于启蒙阶段的儿童以及思维养成阶段的少年而言更是如此。美育的入道，理应多元并举、触类旁通。语言文学和视觉艺术之间存在贯通的可能性，听觉艺术和视觉艺术之间也具有内在关联。不同的感官是人类认知世界的通道和媒介，我认为所有感官的开启和闭合都是阶段性的，令我们得以交替运用不同的方式去认知世界。因此，我们需要从小关照各种感官，启发、呵护、培植它们，令它们保持开启的可能性与敏感性，以便伺机而生、临机而动。

在一个人思维模式的形成过程中，理性思维是认知基础和养成目标，但感性思维亦不可或缺。理性主宰着思维方式，感性则关乎灵气。文学、美学、艺术以及建筑领域的经典个案，皆渗透着情感的力量。每一种知识体系的形成都历经了漫长的演变过程，这就是历史。历史学习之所以重要，就在于理性观摩的积淀，以及感性思维的导向，由此，我们可以看到一种理性与感性反复交织的自生模型，并深得裨益。

苏　丹

清华大学艺术博物馆副馆长、清华大学美术学院教授

2020 年 3 月 4 日于北京·中间建筑

有艺术滋润的生活才快乐

序二

在人类历史的漫长岁月中，艺术一直伴随着人们的生存和发展。数千年来，不同地区、不同生活生产方式下的人们，无不拥有着各自不同形式的艺术。文学、戏剧、音乐、绘画、建筑、美学等艺术形式，不仅记录了人类自身的生产实践，更表达着他们代代相传的丰富想象力及对理想信念、品德智慧的情感追求。

文化艺术活动反映人们的精神世界，是人类生活表象背后的精神轨迹，也是人类社会的内涵和价值取向。审美生活是人类生活中最高贵的形式，没有艺术滋润的生活是不快乐的。“仓廪实而知礼节，衣食足而知荣辱”是中国古人留给我们的箴言。子曰：“志于道，据于德，依于仁，游于艺。”蔡元培先生认为，美育是最重要、最基础的人生观教育，“所以美足以破人我之见，去利害得失之计较，则其所以陶养性灵，使之日进于高尚者，固已足矣”。文化艺术是人类情感精神活动的结晶，是人类的最高境界和生活方式。这种超越物质生活的精神层面之自由天地，就是文化艺术存在的重要意义。

在当今中国的社会生活中，孩子们学琴、学画画儿，参加各种艺术活动已非常普遍。为了提高学生的美育水平，社会、学校都有明确的目标要求和行动落实。未来中国，文化生活将会变得越来越必需，越来越重要。引导孩子们从小了解、速览各门类艺术史，借此在潜移默化中提升气质修养、凝聚精神力量、积累学识认知可谓至关重要。

这套丛书中与艺术相关的分册内容非常丰富，包括文学、戏剧、音乐、绘画、书法、建筑、美学等各艺术门类，知识性、专业性很强，但又并不枯燥难懂。每本看似体量不大，却是对该艺术门类发展史的高度概括和简述，直观清晰。古今中外，人类文明发展过程中曾对人的精神产生过重要影响的各种艺术形式、观点、环节、人物、作品如同被卫星定位和导航般，在此一下子轮廓尽收，路径显现。

把数千年来的专业知识用通俗易懂的方式介绍给孩子们不是件容易的事。这不是一个简单的“浓缩历史”的工作，而是一项长期且艰难的系统工程。编者需要付出极大的耐心和做出大量的案头工作，必须分门别类，撷取精华，去伪存真，突出特点；同时还要各门类间互为参照补充，遥相印证，准确表达。孩子们通过阅读这套艺术简史，可以了解、掌握必要的“打底”知识，从而理解人类精神情感生活来源的方方面面及发展脉络，可开阔视野，增长见识，激发情趣，进而通过艺术理解生活，实属开卷有益。

还应该引导读者们通过阅读这套书，发现这样一个现象：每当世界有了新的技术和情感记录方式时，文学艺术的创作风格就会另辟蹊径。所谓从物质文明到精神文明的飞跃恰恰体现于此，而为什么说文化是现代社会的核心价值观和竞争力，也体现于此。

读者们通过图文并茂的阅读熟悉了历史的内涵，有了坐标之后，再去博物馆、美术馆、大剧院、音乐厅，感受、印证、共鸣一番，大量知识自然会轻松理解，终生难忘……

我离开大学 30 多年了，读了这套简史，又重温了一遍人类文明进程中的许多重要故事，收获颇丰，感慨良多。我觉得这套简史就是奉献给小读者们学习的精美甜点，如开启智慧的方便法门。不光对孩子们有帮助，同时也可供大人和孩子一起读，交流分享读书感受，老少皆宜，裨益生活。

安远远

中国美术馆副馆长

2020 年 3 月 10 日于中国美术馆

第一章　西方美学第一课：古希腊、古罗马美学

（前6世纪—5世纪）

美学在最初是哲学的一个分支，从属于哲学研究。由于历史条件的限制，那时的哲学和美学思想还是十分朴素的。古希腊的美学思想起源于公元前6世纪，在公元前5世纪至前4世纪期间达到鼎盛。后来，古罗马发动了对古希腊长达30多年的侵略战争并制服希腊各城邦。但政治军事上的胜利，并不意味着古希腊的影响从此销声匿迹了。在文艺理论和艺术创作方面，罗马人从始至终都自认不如希腊人，他们极力向古希腊的文化艺术靠拢，由此开启了崇尚古典艺术的风气。

第二章　以“神”的名义：中世纪美学

（5世纪—13世纪）

从5世纪到13世纪，大约有一千年的时间，欧洲大陆处于黑暗的中世纪时期。这一时期，西方的美学思想和文艺理论受到基督教教会势力的干预，几乎没有什么发展。这种僵化窒息的局面，直到但丁的出现，才有所改变。《忏悔录》之父奥古斯丁认为美是一种和谐，但是这种和谐是因为观照对象上打上了上帝的烙印，所以才能给人以愉悦感。奥古斯丁之后，托马斯·阿奎纳写了《神学大全》，在其中提出了美的三要素，从事物的外在形式来寻求对美的定义。中世纪最伟大的诗人但丁写了《神曲》，从内容和形式方面探讨了诗歌的意义。

第三章 “我是人”：文艺复兴美学

（14 世纪—16 世纪）

文艺复兴时期是文化艺术大收获的时代，一大批理论家和艺术家纷纷涌现，推动了近代美学思想的发展。其中，斐奇诺将美与生命体征相联系，强调美是一种德行；吉贝尔蒂则从具体的方面论述了绘画和建筑的美；著名画家达·芬奇写了《画论》一书，并提出了艺术反映自然的理论；吉奥塞夫·扎利诺对音乐艺术进行了研究，重点说明了音乐为什么能够陶冶性情、改变品行，这种伦理效果是如何产生的等问题。

第四章 理性之美：古典主义美学

（鼎盛于 17 世纪）

发源于意大利的文艺复兴运动，在 17 世纪逐渐转移到法国。然而，当时的法国非但没有顺应文艺复兴的潮流，反而进一步加强了中央集权的专制统治。思想文艺界出现了新古典主义思潮，它虽要摆脱旧式的古典主义，却又止步不前，无法取得实质的推进。哲学家兼数学家的笛卡尔留下了“我思故我在”的哲学名言，构建了理性主义的哲学和美学。法国诗人、文艺理论家布瓦洛强调理性和真实的自然，其作品《诗的艺术》被誉为古典主义的法典。

第五章　由玄学转向科学：经验主义美学

（17 世纪—18 世纪）

经验主义美学强调感性经验的重要性，认为事物只有在感觉、生理或者心理方面引起人的快感，才算是美的。培根是经验主义美学的先驱。霍布斯提倡运用数学的方法研究事物，也探讨了想象与虚构的问题。休谟是经验主义美学的集大成者。与经验主义美学对立的新柏拉图主义，其代表人物有夏夫兹博里及其学生哈奇生，他们的理论从侧面也表现出经验主义美学的思想。

第六章　唤醒欧洲的推动力：启蒙主义美学

（17 世纪—18 世纪）

文艺复兴之后的启蒙运动是一场反封建和反教会的思想解放运动，是近代欧洲的第二次思想解放运动。它确立了理性主义和人道主义的思想基础。在文艺领域，启蒙思想家们开始对趋于保守的新古典主义进行有力的批判。伏尔泰和卢梭是启蒙运动的代表；狄德罗深入研究了美学和戏剧，提出了“美在关系”的观点；鲍姆嘉通第一次提出了“美学”这一概念，并确定了美和美学的含义。

第七章 超级大流派：德国古典美学

（18世纪末—19世纪初）

18世纪末到19世纪初，美学在德国得到集大成式的发展，从康德、席勒到黑格尔，形成了一个强大的唯心主义美学流派，美学史上一般称之为德国古典美学。就整个思想体系而言，康德研究的是人的主观意识，而不是客观世界。席勒提出“美育”的概念，对审美教育问题做了系统的理论阐述，还将诗歌分为“朴素的诗”和“感伤的诗”两类，讨论了诗人与自然的关系，可谓引领那个时代的美学思潮。“美是理念的感性显现。”这是黑格尔对美下的定义，也是黑格尔美学思想中的基本观点。

第八章　在斗争中觉醒：俄国美学

（19 世纪初—20 世纪初）

近代俄国美学的发展情况与当时俄国的历史政治环境密切相关。19 世纪之后，俄国的革命民主主义运动上升，要求废除封建农奴制，现实生活问题摆在了重要而紧迫的位置。在文艺方面，是现实主义胜利时期。别林斯基用文学批评的方式宣传反对沙皇专制和反对农奴制的革命民主主义思想。车尔尼雪夫斯基也从生活角度出发，做出了“美是生活”的论断。杜勃罗留波夫对文学中的人民性问题进行了强调。另外，伟大的文学家托尔斯泰写了《艺术论》，在其中对艺术的创作和欣赏作了一定研究。他们的思想都对后世产生了深刻的启发。

第九章　百花齐放的近现代美学

（19 世纪初—20 世纪中后期）

近现代美学的研究多与哲学、社会学、心理学、语言学等结合。虽然思想复杂、流派众多，但大致可分为两大思潮：一是侧重审美，二是侧重实证。侧重审美的现代性文论思潮，将作为审美主体的人的实际体验、内在的感性和直觉放在了最重要的位置。他们通过对人的精神内涵的揭示，去解释艺术的本质和审美过程。这一思潮主要包括心理学美学、精神科学美学、表现主义美学、存在主义美学，以及接受美学等。侧重实证的现代性文论思潮注重美学研究的科学性，将自然科学研究的方法应用到美学研究中。在方法上注重实证和归纳，也注重语言的逻辑功能。这一思潮主要包括自然主义美学、形式主义美学、现象学美学、符号论美学等。

第一章

西方美学第一课：古希腊、古罗马美学

（前 6 世纪—5 世纪）

美学在最初是哲学的一个分支，从属于哲学研究。由于历史条件的限制，那时的哲学和美学思想还是十分朴素的。古希腊的美学思想起源于公元前 6 世纪，在公元前 5 世纪至前 4 世纪期间达到鼎盛。后来，古罗马发动了对古希腊长达 30 多年的侵略战争并制服希腊各城邦。但政治军事上的胜利，并不意味着古希腊的影响从此销声匿迹了。在文艺理论和艺术创作方面，罗马人从始至终都自认不如希腊人，他们极力向古希腊的文化艺术靠拢，由此开启了崇尚古典艺术的风气。

【图1】 发现音调秘密的毕达哥拉斯

发现音调秘密的数学家毕达哥拉斯

美是什么？关于这一问题，从人类诞生的那一天起，便有了不同的见解。但是，这些原始的、质朴的观点，大多是无意识的、分散的。在西方，直到古希腊伯里克利时代，各个城邦的艺术形式发展到一定程度，才产生了较为系统的美学思想。这些美学思想试图通过生活和艺术，对“美是什么”这一问题进行哲学性的思考。出乎意料的是，那一时期，第一个探讨美的本质的，是一位数学家，他的名字叫毕达哥拉斯（图1）。

毕达哥拉斯，出生在约2600年前爱琴海的萨摩斯岛，是一名通过游历自学成才的数学家。后来毕达哥拉斯来到意大利南部的克罗顿城，在那里广收门徒，建立了一个政治兼宗教性质的团体——毕达哥拉斯学派。毕达哥拉斯及其门徒认为，数字是万事万物的起源，不管是解释外在的客观世界，还是描述内在的精神世界，离开数学，几乎都是不可能的事情。

那么，这位醉心于数字的数学家，是如何开始研究美学的呢？公元前525年左右的一天早上，毕达哥拉斯在克罗顿城的一条街上行走。路过一家铁匠铺的时候，他无意中听到了铁匠打铁发出的声音。那是一种铿锵有力、节奏鲜明的和谐之声。很快，他被这种声音吸引，并沉迷其中，不由自主地走到铁匠铺的火炉旁。

通过比较不同重量的铁锤的击打声，毕达哥拉斯发现，音质的差别在于发音体方面数量上的差别。比如说，铁锤的重量越大，声音越高，振动速度也越快；铁锤的重量越小，声音越低，振动的速度就相对也要慢一些。由此，毕达哥拉斯测定出了各种音调的数学关系。然而，毕达哥拉斯并不满足于此。从铁匠铺回到家里后，他又找出琴弦，继续进行实验，以期能有新的发现。果不其然，他很快就发现了八度、五度和四度音程的关系。由此，毕达哥拉斯得出一个结论：和谐的音乐，乃是一种数的关系。音乐节奏的和谐，是由高低、长短、轻重不同的音调，按照一定的数量比例组成的。

可以说，上述观点是古希腊辩证思想的最初显现，也是美学思想中"寓变化于整齐统一之中"的最早萌芽。

在毕达哥拉斯看来，蕴藏在音乐里的和谐原理，又一次证明了自己的哲学观点：数是万物的本原。高低、长短、轻重不同的声音，有序地出现，合理地搭配，组成复杂而协调的数量关系，便构成了音乐的节奏与韵律，形成了和谐的乐章。这种和谐的规律，对于其他事物来说，也是如此。

另外，毕达哥拉斯及其门徒还注意到外在的艺术对人的内在灵魂的影响，提出了"同声相应"的学说。他们认为，音乐大体可以分为两种：一种是刚性的音乐；一种是柔性的音乐。这两种风格的音乐一起，共同对人的性格和情感发生作用。比如说，一个人的性格偏刚，柔性的乐调可以使他的性格由刚变柔。

毕达哥拉斯学派在西方美学史上最先开始探讨美的本质。虽然这一学派的成员大多数是数学家、天文学家和物理学家，但是他们的美学思想及理论，对柏拉图、新柏拉图主义以及文艺复兴时期的艺术家们产生了深远的影响。

人不能两次踏入同一条河？

对于赫拉克利特（图 2），大多数人并不是太了解。然而，有一句经典的名言，知道的人却不少。这是一句什么名言呢？“人不能两次踏入同一条河流”，正是出自这位哲学家之口。

赫拉克利特把存在的东西比作一条河流，之所以说人不能两次踏进同一条河，是因为当人第二次进入这条河时，是新的水流而不是原来的水流在流淌。在他看来，宇宙中的万事万物，没有绝对静止和永恒不变的，一切都处于运动和变化之中。这就是他“万物皆流”思想的最经典表述。关于这一点，还有一个十分有趣的故事。

一天，赫拉克利特和朋友赫尔谟多罗在大街上行走。在一棵大橡树底下，碰到了一个乞丐。这个乞丐不是别人，正是出卖情报给波斯人而导致所有财产被没收的波吕格拉底。见到从前的富人现在沦落到这种境地，赫尔谟多罗感到异常吃惊。不过，赫拉克利特却很镇静，从容不迫地说道：“这有什么好奇怪的呀！这个世界就是这样，永远处于流变之中，没有什么是永恒不变的。富人会变成穷人，而穷人也会变成富人。今天，你还是一个贵族，明天或许就是一个乞丐了。像这样的事情，谁又能琢磨得透呢？”

赫拉克利特的话虽然有些绝对，但也有一定的道理。不过，他又认为，宇宙的进程、万物的流变，不是偶然的，也不是随意的，而是依据了一定的规则。赫拉克利特将这种规则称为“逻各斯”。逻各斯在古希腊语中原本是指

【图 2】 ［荷］亨德里克・特尔・布吕根《赫拉克利特》

词语或者言说，后来随着不断演变，又指代规律。在赫拉克利特那里，逻各斯便是指万事万物变化所遵循的尺度或普遍原则。

与毕达哥拉斯认为数是宇宙的本原不同，赫拉克利特认为火是宇宙万物的本原。他说："万物统一的世界，既不是神所创造的，也不是人所创造的，而是永恒的活生生的火，合乎规律地燃烧着，同时又合乎规律地熄灭着。"

在赫拉克利特看来，宇宙中的万物都是由土、水、火、气四种元素组成的，其中最主要的元素是火。这是因为，与其他元素相比，火是最为精致的，并且最为接近于没有形体的东西。更为重要的一点是，火不但本身是运动的，还能促使其他的事物处于运动和变化之中。

因此，赫拉克利特认为，整个天体就是四大元素的运动过程，其运动变化的动力，来源于事物对立面的冲突和斗争。正是由于最初层面的对立与冲突，才造成了更高层次的和谐。

在这种哲学观念的基础之上，赫拉克利特提出了自己的美学思想。首先，他提出了“艺术模仿自然”的主张。他认为，既然自然万物是由于对立冲突产生和谐，那么艺术就应该如实反映这种和谐。想要做到这一点，艺术就要模仿自然。赫拉克利特的这种观点，丰富了对审美现象的辩证解释。

其次，赫拉克利特还提出了“不同的音调造成最美的和谐”的观点。他说：“互相排斥的东西结合在一起，就能产生最美的和谐。比如，不同的音调组合在一起，可以形成动听的乐曲。这是因为一切事物的形成起源于斗争。”

“对立”与“和谐”，曾经是毕达哥拉斯学派最早提出的美学观点。在毕达哥拉斯看来，美就是和谐统一。赫拉克利特接受了美在于和谐这一观念，不过他在毕达哥拉斯学说的基础上，重点探索了美之和谐的原因，这无疑促进了美学思想的进一步发展。

王子哲学家

赫拉克利特生于爱菲斯城邦的王族家庭，从小就是王位的继承人，接受了良好的教育。然而，对知识的渴望和好奇让这位王子对政治、权力丧失了兴趣。于是，赫拉克利特将王位让给了弟弟，自己专心做起了学问。他深受米利都学派和毕达哥拉斯的影响，潜心研究，最终成为一个思想具有明显辩证法色彩的哲学家。

【图3】 普罗泰戈拉

智者学派的相对美

说起智者学派，不可避免地要谈到普罗泰戈拉（图3），这是因为他既是这一学派的创始人，又是这一学派的主要代表。

以传授诡辩术为职的普罗泰戈拉认为，人是万物的尺度，是存在的事物得以存在的尺度，也是不存在的事物不存在的尺度。万物的存在形式，全在于人的感觉。比如说，同样的天气，一阵风吹过，有些人说热，有些人说冷，可见，世界上的万事万物，并没有绝对的真假、对错，全在于说话者本人的感觉和需要。传说普罗泰戈拉与他的弟子欧提勒士，曾经就学费事宜发生矛盾，双方对簿公堂。

事情的经过是这样的：普罗泰戈拉在欧提勒士正式拜师求学的时候，与他签订一项合约。这项合约规定，学生入学的时候，先交付一半的学费，毕业后第一次出庭胜诉的时候，再交付另外一半学费。

然而，欧提勒士学成毕业后，一直不肯出面帮助他人处理官司。所以，普罗泰戈拉迟迟收不到欧提勒士的另外一半学费。最后，无奈之下，普罗泰戈拉将自己的学生告上了法庭。

当着法官的面，老师振振有词地说道："在这件案子里，如果你胜诉的话，你就应该按照合同的约定，交付另外一半学费；如果你败诉的话，你就必须按照法院的判决，交付另一半学费。总之，不管你是胜诉还是败诉，你都得付给我另外一半学费。"

【图4】 雕塑《掷铁饼者》

深谙诡辩术的欧提勒士听完老师的话，不慌不忙地说道："老师，您说错了。这场官司，不管是胜诉还是败诉，我都不用交付另外一半学费。如果我胜诉，法庭将判决我不交付学费；如果我败诉，根据合同约定，只有第一次出庭胜诉，才交付另外一半学费。所以，无论如何，我都用不着交付学费啊！"听完学生的辩解，普罗泰戈拉登时僵在那里，无言以对。

这就是历史上著名的"普罗泰戈拉悖论"，又称"一半学费悖论"。普罗泰戈拉和他的学生，两人都以真实的前提出发，却得出了两个完全相反的结论。其实，这种悖论式的诡辩，起源于普罗泰戈拉的哲学观点——人是万物的尺度，既然如此，那就很容易出现"公说公有理，婆说婆有理"的局面。

普罗泰戈拉认为，人是万物的尺度，在审美活动中，人也必然成为审美的主体。一切事物的美与丑，没有一个统一的客观标准，全在于个人的感受体验。一个人只要觉得事物是美的，那么这个事物就是美的。

正是把握的尺度不同，因而美具有主体的相对性。举一个简单的例子，曾经有一位智者认为，人把自己看作是大自然最完美的作品，并没有什么奇怪的地方。由此可以做个大胆的假设：对狗、牛或者驴，甚至是猪来说，无不认为自己的同类是美的。但它们却一定不会认为《掷铁饼者》(图4）是美的。可见，认知的主体不同，对于事物的美的感受和体验，也是完全不同的。

在原始宗教和自然神"盘踞"古希腊诸城邦的时候，普罗泰戈拉倡导的"人是万物的尺度"，无疑是一股清风。在这股清风般的思潮里，人的自我意识首次被提出来，并提升到了一定高度。虽然普罗泰戈拉的思想过度夸大了个人的作用，但他本人仍算得上西方历史上第一次思想解放运动的先驱。

“认识你自己”

“认识你自己”，这是一条镌刻在德尔菲阿波罗神庙上的箴言。受到这一古老格言的启发，古希腊哲学家苏格拉底（图5）提出了“认识你自己”“照顾你的心灵”等观点。在西方的哲学中，苏格拉底产生过极为重要的影响。然而，就是这样一位先贤，却没有留下任何著作。

苏格拉底的美学思想主要散见于他的门徒克塞纳芬的《回忆录》。在苏格拉底看来，整个宇宙的一切事物，不管如何发展，都遵循着一个永恒不变的原则。这一原则被他称为最高目的，或者“善”。在最高目的和善的作用下，一切事物的存在和发展，都在追求各自的圆满与完善。

苏格拉底倡导人们首先要审视自己，提出了“认识你自己”的主张。认识你自己，就是要把哲学的重点放回人间，并且还深入到人的心灵深处。人一定要注意心灵最大程度的改善，不经过内心自省的生活，是不值得过的。那么，如何改善人的心灵呢？为此，苏格拉底提出了一个重要命题：美德即知识。

苏格拉底认为，一切美德都离不开知识，知识是美德的基础，知识也贯穿于一切美德之中。一个人要有道德，就必须拥有道德的知识。这是因为有了道德的知识，就懂得了道德的本质，掌握了善的概念，就可以做出符合善的事情来。任何人做出的不道德行为，归根结底是因为他们的无知。

在此基础上，苏格拉底提出了自己的美学思想，其核心的一点就是“美

【图 5】　苏格拉底雕像

善同一说”。他的学生色诺芬在《回忆苏格拉底》中记载，苏格拉底在和亚里斯提普斯的谈话中说道：“在你看来，美与善是完全不同的两码事吗？你难道不明白，从某个角度看来是美的东西，从这同样的角度看来不也是善的吗？”可见，苏格拉底认为，美就是善，美与善是完全同一的。

当然，苏格拉底的思维是极为敏锐的，他并没有停留在美在发挥事物功效的层面上，而是由此及彼，发展补充了传统的“美在和谐说”。在他看来，事物自身的美，与事物对使用它的人而言显示出来的美，两者之间是有区别的。事物自身因其形式而美，与事物因其功效和目的而美，是两种不同的美。前者的美，强调的是绝对的和谐，后者的美，强调的是得体适当。在苏格拉

【图6】 ［法］大卫《苏格拉底之死》

底看来，一种抽象的、绝对的比例关系或者尺度，是不存在的。然而，这并不是说他承认美的主观性，完全脱离客观的依据，而是说在相对的特定关系下，美才存在。苏格拉底的这种美学思想，改变了传统的和谐美学观——美只与绝对的数字、比例，或者尺度相关，指出和谐的美也要合乎功用和目的。这样一来，在苏格拉底那里，美学从和谐的客观规则，向主观的目的功效转变，使得和谐之中包含了相对主观性。

苏格拉底年轻的时候，跟随父亲学过雕塑，并曾经参加过艺术创作活动。

那时候，古希腊普遍流行着“艺术模仿自然”的学说。苏格拉底继承了这种学说，但是强调艺术不仅是单纯地模仿，更要表现出生命力，甚至是人的心灵状态，让看到艺术作品的人觉得，这是一件活生生的艺术品。在与克莱陀的对话中，苏格拉底说：“使用什么办法，能使你的雕塑看起来像是活的，你是不是应该把活人的形象赋予到作品当中去？是的，只有当作品展现出人的各种情感时，当艺术形式反映人的心理活动时，观众才会被彻底吸引，也才能引起内心的共鸣。”

关于绘画，苏格拉底指出，虽然应该临摹人体，但是更应该把人体最美的部分集中起来，使得整体中的每一部分都是美的。换句话说，艺术品应该比实际存在的事物更加美好。这就对艺术家提出要求，需要艺术家对实际存在的事物进行认真地观察，敏锐地剖析，细致地选择，最后创造性地进行重组。

苏格拉底之死

相传由于苏格拉底的言论时常带有深刻的隐喻和启发性，在表达的过程中又喜欢用一些反讽的修辞，因此时常遭到其他人的误读，他的许多言论都在雅典引起了广泛的争议。公元前 399 年，有一部分公民就利用苏格拉底与他人的一些对话，指控他犯有不敬神和毒害青少年的罪名，并交付公民大会裁决。

苏格拉底在大会上对此进行了申辩，他解释自己游历各地遍寻有知识的人，只是为领悟德尔斐神谕的深意，并不是为了驳斥神谕，同时也没有开设学院收徒毒害青少年等。但陪审团最终不为所动，依旧判处其死刑。传说苏格拉底的朋友在执行前，曾经买通狱卒，苦劝苏格拉底逃亡国外。但苏格拉底选择从容赴死（图6）。他饮下毒酒时说：“我去死，你们去活，谁的命运更好，只有神知道。”

【图7】 柏拉图雕像

贤者柏拉图，他是谁

在西方美学史中，柏拉图是第一个系统阐述美学思想的人。柏拉图是古希腊哲学家，西方文艺理论的主要奠基人（图 7）。他师从苏格拉底，是苏格拉底最得意的门生，因而其哲学思想和美学理论深受苏格拉底的影响。柏拉图提出了“理念”这一概念，这成为他其他一切思想的基石。在柏拉图那里，“理念”是一种永恒的、本质的东西，他认为美就在于理念，一切事物一旦包含了美的理念，就会是美的。另外，他还以诗为例，讨论了通过模仿写诗和运用灵感写诗的区别，由此讨论了艺术灵感的问题。

关于美学，他提出的问题，不仅涵盖了从古希腊到文艺复兴时期的美学领域，而且就算到今天，谈及美学，这些问题也是无法回避的。

柏拉图生平的著作和言谈极为丰富，有关美学的思想主要集中在《会饮篇》《理想国》《柏拉图文艺对话集》，以及《柏拉图对话集》等著作中。在这些著作中，柏拉图对于美的概念，即美是什么，以及美的本质究竟如何，做了一系列的论证和探讨。

那么，美到底是什么呢？柏拉图给出的答案是：美即美本身。在柏拉图看来，美的东西，美的属性，并不直接等同于美。美不在事物本身，而在事物之外，在事物之美本身。那么，问题随之而来：“美本身”，又是怎么一回事呢？柏拉图的回答是：“一切美的事物有了它就成其为美的那个品质。”可见，美本身就是美的品质，一切事物一旦拥有了它，就成为它所展现出的美的样子。而

【图8】 ［英］弗雷德里克·莱顿爵士《在海边捡鹅卵石的希腊女孩》（局部）

且，任何东西，不管是一块石头，一段木头，一个人，一个动作，还是一门学问，只要这种美的品质加到这些事物上面，都能使这些事物成为其美。

后来，柏拉图在《会饮篇》中更为明确地提出，“美本身”就是先验的、绝对的美的理式。按照柏拉图的话说，这种理式美“是永恒的，无始无终、不生不灭、不增不减的。一切美的事物都起源于它，有了它，那一切美的事物才成为美”。也就是说，“美本身”不管是在时间上，还是在逻辑上，都要先于美的事物。美的事物之所以美，原因就在于拥有了这种品质。因此，“美本身”是绝对的，不像姑娘、黄金、汤匙等具体事物的美是相对的，是相比较而存在的。它是一种不受任何时间和空间限制的美，是绝对的美，是美的绝对。

柏拉图将其称之为“美的理念”“美的概念”或者“美的理式”。在《理想国》中，柏拉图借用苏格拉底之名对格罗康说：“面对繁多冗杂的同名事物，对于其中的个别事物，我们经常使用一个理念来统摄。每一类别的杂多事物，分别有一个理念。”柏拉图为了更好地说明问题，还举出了几个例子，比如“床的理念”“桌子的理念”等。在他看来，这个世界上，只有理念才是真正的实在，是普遍的美，也是永恒的美。

在柏拉图看来，诗人有两种：一种是凭借技艺写诗，另一种是在诗神的庇护下写诗。两种诗人的区别在于，前者只是依据技艺去模仿，而后者是凭借灵感去创作。对于第一种诗人，柏拉图是极为反感和厌恶的。在他眼里，模仿诗人只是运用技巧知识从事生产劳动的手艺人。

在古希腊，艺术几乎涵盖了整个生产生活领域。一般地，传统的艺术形式，比如音乐、雕刻、绘画（图 8）、诗歌等，被古希腊人称为“艺术”，而手工业、农业、医术、骑射和烹饪等技艺也是被称为“艺术”的。柏拉图认为，在艺术创作的时候，最为重要的是灵感，而不是技巧。不管技巧多么成熟，如果没有灵感，一个人也是无法成为大诗人或者真正的艺术家的。可以说，柏拉图关于艺术灵感的学说，为后世美学开辟了另一个新的研究领域。

第一个解释“美”的人

苏格拉底、柏拉图和亚里士多德（图9）被誉为“古希腊三圣贤”。从苏格拉底开始到柏拉图，再到亚里士多德，他们是三代师徒，思想可谓一脉相承。尽管如此，与自己的老师柏拉图认为“美在理念”不同，亚里士多德认为现实世界才是最真实的存在。关于美的问题，亚里士多德认为事物的秩序、比例和大小与事物相称，就是美的。另外，亚里士多德还具体研究了戏剧，写了《诗学》，成为整个欧洲美学史上的奠基之作。

> 有人问我，写一首好诗，是靠天赋呢，还是靠技艺？我的看法是，只知道苦学而没有丰富的天赋，有天赋却不经过长时期的训练，都是没有用的。天赋和技艺应该相互为用，相互结合。

以上这段关于天赋与技艺关系的名言，出自“三贤”之一的亚里士多德。这位多产的哲学家，凭借其在美学领域的著作《诗学》，成为第一个以独立体系阐明美学概念的人。并且，他所阐述的美学概念影响了西方两千多年。

在古希腊早期，毕达哥拉斯和赫拉克利特从自然科学的角度看待美学。后来，苏格拉底和柏拉图逐步转向从社会科学的角度看待美学。直到亚里士多德，才做到了在自然科学和社会科学相统一的立场上看待美学。

亚里士多德是柏拉图的得意门生，他的美学思想自然不可避免地受到他

【图9】［荷］伦勃朗《亚里士多德与荷马半身像》

的老师的影响。“吾爱吾师，吾更爱真理。”这是亚里士多德的一句名言。事实上，他是这么说的，也是这样做的。对于柏拉图的学说，他继承的部分少，而批判的部分多。

与柏拉图认为“理念世界是最真实的存在”不同，亚里士多德认为，客观的现实世界才是最真实的存在。

为了说清楚这一理论，亚里士多德特意举出一个实例。他说，盖好一座房子，首先要有“材料因”，即砖头、瓦片和木材等。将这些材料准备好之后，只是具备了造成一座房子的潜能，要想从潜能变为现实，它们必须具有一座房子的形式，也就是房子的形状或模样。这就是房子的“形式因”。然而，想要使得房子具有形式，必须得有建筑师设计图纸，一手操办。而这个建筑师就是房子的“创造因”。此外，房子从一开始的材料收集，到最后房子的建设完工，始终在趋向于一个目的，即房子建成并投入使用，这就是房子的“目的因”。

在《修辞学》中，亚里士多德为美下了一个定义。他说，美就是那些自身显现出价值，同时又能给人带来快感的事物。凡是美的事物，它的价值存在于它的自身之内，而并不体现在它的功效范围内。此外，美的事物还能使人产生享受的感觉，或者发自内心的赞赏。一切美的事物，都是善的，但是并不是一切的善都是美的。一切的美都让人产生快感，但并不是所有让人产生快感的事物都是美的。美是那种既是善的，又能提供快感的东西。

关于事物大小与美的关系，亚里士多德指出，对于既有的事物来说，合适的大小是十分必要的。在他看来，比较大的事物，与比较小的事物相比，更容易让人产生较多的快感。他还举了一个例子，比如体型高大的人，更容易吸引人的眼光。虽然体型瘦小的人不乏个人的魅力，但是这种魅力却谈不上美。

然而，另一方面他又坦言，如果事物过大，也是不美的。这是因为过大的事物，无法被人们完全知觉到，如此一来，就谈不上快感了。只有那些大小合适的对象，才能被人们轻松愉快地感知，才能给人的感官和心灵提供快感。

除了探讨美自身的特性，亚里士多德还研究了审美对象和审美主体。在他看来，审美对象即美的范围，无所不包——人，自然界的万事万物，甚至神灵，都属于美的范围。不过，亚里士多德倾向于从两种范围中寻找美。第一种是，他更愿意在大自然中见到美，因为大自然中的每一种事物，天然具有合适的比例和大小。第二种是，与错综复杂的整体事物相比，他宁可在孤立的对象中见到美。这是因为孤立的对象更容易清晰地展现自身的比例或秩序，更容易引起人的快感。

【图 10】　亚里士多德指导青年亚历山大大帝

然而，对于同一审美对象，由于审美主体的变化，也会发生相应的变化。比如说，同样一个人，随着时间的流逝，青年时代所欣赏的美，与他中年时代所欣赏的美不同；而中年时代所欣赏的美，又与老年时代所欣赏的美不同。

“百科全书”式的学者

亚里士多德出生于公元前384年，出生地在远离古希腊文明核心地的北方——色雷斯。他的父亲是马其顿的一位宫廷御医，因此家庭条件优越。虽然此时北方地区的马其顿已经开始崛起，但是青年时代的亚里士多德还是在雅典度过的。在柏拉图学园的学习经历，使他受益匪浅。他不仅获得了苏格拉底和柏拉图哲学精神的精髓，而且形成了自己思考问题的方法和哲学思想体系。他虽然是柏拉图的学生，但对老师的观点并不盲从，留下了“吾爱吾师，吾更爱真理”的名言。

经过长达20多年的学习，亚里士多德形成了自己的哲学思想。这些思想反映在他的著述——逻辑学的《工具论》和哲学的《形而上学》中。其中最著名的“哲学三段论”就是亚里士多德哲学思想生动的缩影。同时，他还在物理学、数学、天文学、气象学、美学、文学等诸多方面都有自己的论著，其中很多的观点都影响了这些学科日后的发展。

他的研究几乎涉及当时人类所能了解的所有学科，而且只要是他研究的领域，几乎都有影响世界的成果。因此，他和17世纪的莱布尼茨一起被后世称为人类历史上仅有的两个全才。亚里士多德被称为“百科全书式的学者”。

此外，亚里士多德还创办了自己的学园，被称为“逍遥学派”，并且担任过亚历山大大帝的老师，深受这位伟大君主的敬重和爱戴（图10）。

艺术创作的起源

在欧洲的文艺界，长期存在着一个备受争议的话题，那就是，既然人们都向往美的事物，那么创作艺术作品的目的是什么？是让人感受到快感，还是给人以一定的教益，或者两者兼而有之？

在古希腊时期，柏拉图是片面追求教益，而竭力压制快感的。与之不同，亚里士多德则是最早的一位“替快感辩护”的哲学家。在《诗学》中，亚里士多德着重分析了文艺作品的心理起源：一是人的模仿本能，二是对于节奏和和谐的喜好。对于人来说，模仿是学习的最直观、最简单的方式。通过模仿，人可以快速地从客观事物中汲取知识，满足好奇心，从而产生快感。当然，如果能在模仿中运用节奏和和谐，那么所产生的快感将更加持久。

人们模仿的东西，大多与事物的内容相关。亚里士多德将模仿和学习的内容联系起来，这也就肯定了艺术创作的认知作用。与柏拉图否认现实世界不同，亚里士多德指出，现实世界是真实的存在，因此，模仿现实世界的艺术，也是真实的。由于人的最初认知是从模仿得来的，因此，人在欣赏艺术的同时，也获得知识。这种来源于现实世界的真实知识，能够引导人认识生活，认识自身。所以，这样的艺术让人产生快感。在亚里士多德那里，艺术的教益与快感都蕴含其中。关于节奏与和谐的感应，虽然是对事物形式的把握，但也夹杂着教益与快感。毫无疑问，亚里士多德没有过多地偏向于哪一方，而是将教益和快感有效结合起来。

通过模仿以及对节奏的把握，艺术创作为人们揭示出事物的内在本质和普遍规律，尽管艺术创作有时候仅仅针对极为个别的事物。可见，艺术家并不是普通人，他们有着更为深邃的洞察力。就像亚里士多德在《形而上学》里所说的那样："与只有经验的人相比，艺术家明智多了。这是因为，只有经验的人并不知道背后的原因，而艺术家知道。只有经验的人，只明白事物是这个样子，但不知道为什么是这个样子。而艺术家不仅知其然，更知其所以然。"

亚里士多德不仅指出艺术能认识真理，而且指出艺术的真实性与其他科学的真实性是不同的。他说，衡量艺术和衡量政治正确与否，其标准是不一样的；衡量诗歌与衡量其他艺术正确与否，其标准也是不一样的。对于诗歌和艺术来说，只要能反映出事物的必然性和普遍性，就算达到了目的。另外，诗歌和艺术还要激起人们的内在情感，也就是说必须具有震撼人心的艺术感染力，能引起人们的普遍共鸣。只要达到了这两个标准，就是美的艺术作品。基于此，亚里士多德指出，评价一般技艺以及社会道德的标准，是不能安放在诗人和艺术家身上的。换句话说，诗人和艺术家是不受一般技艺标准和社会道德束缚的。

贺拉斯的古典主义诗学原则

贺拉斯，罗马帝国早期诗人、文艺批评家（图 11），代表作为诗体信简《诗艺》。除了《诗艺》，贺拉斯还写作了《讽刺诗集》和《书信集》，它们作为《诗艺》的补充部分，讨论了诗歌结构和风格的原理。

与柏拉图和亚里士多德不同，贺拉斯不是哲学家。所以，他不可能像他们那样，从各自的哲学体系出发探讨艺术创作的原理。不过，在艺术与现实关系的问题上，贺拉斯继承了古希腊的传统观点，认为艺术是模仿自然得来的。并且，他还主张艺术家应该具有丰富的生活经验，体验更多的真情实感，适度、合理地在生活和风俗习惯中摸索观察，以便获取更多活生生的艺术语言。

尽管贺拉斯接受了古希腊的传统观点，但是他并不认为艺术就是对自然进行单纯、机械地临摹。在他看来，艺术真正感染人的地方在于它能合乎人们需求地进行创造，真正的艺术作品是创新与和谐的统一。在《诗艺》里，贺拉斯明确地提出："不管你写什么，总要使它单纯，并且始终一致。"那么，怎样做到这一点呢？贺拉斯又提出"合式"这个概念。在文艺创作中，创作者始终要做到开始与结束要融会贯通，使其作品成为有机整体。这种整体概念，不但体现在艺术作品的内在逻辑和结构方面，也体现在人物性格方面。贺拉斯说，如果你敢于创造新题材，将前人没有使用过的东西搬到舞台上，那么，你一定要让新题材符合内在的逻辑，做到与真实协调一致。

对于艺术家如何借鉴传统的题材，贺拉斯提出了具体的要求。第一，不要

【图 11】 贺拉斯雕像

沿着前人已经走过的道路继续重复，这样会导致艺术品落入俗套；第二，不要把精力全都用在翻译古文上，依附于古人；第三，不要墨守成规，不敢跨越古典的标准，故步自封。总之一句话，要在继承传统的基础上，勇于创新。

贺拉斯号召人们从古典艺术中汲取营养，认为古典艺术具有寓教于乐的功效，而且教益的功效更大一些。他认为，教化民众，启发民智，有时候不能过于直接，因为民众的智慧和接受能力是有限的。于是，这种情况下，需要一种更容易被民众接受的方式，这时候，某种特定的艺术形式无疑是最好的选择了。通过这种艺术形式，艺术家将所要表达的思想和内容蕴含其中，使得人们在欣赏艺术的同时，不但能体会到快乐，还能受到教益。寓教于乐，这是贺拉斯对艺术功效的基本看法，并对后世产生了深远的影响。

崇高是一门学说

古罗马时代，美学领域涌现了一批影响重大的著作。除了贺拉斯的《诗艺》，还有朗吉努斯的《论崇高》。然而，这样一部重要著作，在它成书之后就被埋没了，不仅同时代的人不知道这本书，就是在之后的很长一段时间里，它也没有出现在人们的视野里。它遭受的冷遇，一直到文艺复兴时期，才有所改变。

原本，古罗马继承了古希腊的文化遗产，逐渐形成一种希腊化的古罗马文化。但是到了1世纪的时候，古罗马文化出现了另一种局面：形式主义泛滥，浮夸做作的风气日益盛行。反映在文学领域，文艺家们要么写一些不切实际的牧歌，要么编造一些“莫须有”的赞美诗。总之，古罗马文学的“黄金时代”到这时已经沦落为“白银时代”了。正是在这种背景下，朗吉努斯写成了《论崇高》。

与《诗艺》一样，《论崇高》也是朗吉努斯写给朋友的一封书信。在这封书信里，朗吉努斯运用分析和比较的方法，研究了很多生活现象、心理现象和艺术现象。他把高度抽象的理论与具体的艺术结合起来，第一次从审美的角度，深入探讨崇高的概念和本质。这一点，成为他为西方美学所做出的最重要贡献。

在古希腊和古罗马人那里，“崇高”并不是什么新鲜词汇。然而，“崇高”也只是在修辞学范围内充当人们描述事物的修饰语。在此基础上，朗吉努斯

【图 12】　罗马广场遗址上高大的建筑

论述了自己关于“崇高”的看法。首先他承认一点，崇高与修辞学是有密切关系的。在他看来，一切妙不可言的修辞，都是崇高精神所特有的。这是因为，一切用语言表达的思想，总是与表达思想的语言密不可分。接着，他进一步提出崇高的概念。他认为，崇高首先是一种美。这种美来自于两个方面，一方面来自主观，一方面来自客观。

如果说事物的宏大和高超，是崇高显现在人们眼前的最基本要素，那么，当它们一旦这样展现之后，所带给人们的心灵方面的震撼，则是构成崇高的重要因素。

提出“崇高”的概念后，朗吉努斯并没有局限于对大自然崇高事物的分析，而是借用“崇高”的概念，进一步分析了艺术家和艺术作品。在论及艺术家的时候，朗吉努斯认为，在形成崇高风格的过程中，艺术家自身的品格起着至关重要的作用。在他看来，艺术家首先必须有伟大的人格，这是其艺术作品具有崇高风格的基础。原因很简单，伟大的人格直接影响他本人的语言风格，而后者是艺术作品具有崇高风格的关键。

在朗吉努斯看来，虽然艺术家的人格来源于天赋，但是后天的培养和训练并没有因此被完全否定。相反，他认为，通过自然陶冶和艺术陶冶，艺术家的人格修养是可以得到提升的。关于艺术陶冶，他提倡人们从古希腊经典著作中汲取崇高的精神，借以修养身心。在他看来，古人的伟大气质，全都蕴含在他们的经典著作中。直接研读经典著作，对于艺术家的人格修养来说，无疑是一种便捷的方式。

我们知道，在此之前，亚里士多德和贺拉斯也或多或少地谈到艺术家的人格问题，但是他们都不及朗吉努斯深入、系统。

除了艺术家的人格问题，朗吉努斯还将崇高的概念运用到艺术欣赏上。在他看来，作为一件成功的艺术作品，最为重要的一点是，必须具有强烈的感染效果。而这种艺术效果，主要来自于作家崇高的情感。他认为，崇高的情感是一种特殊的热情，这种热情促使人们向往壮丽高大的事物（图 12）。并且，这种热情不同于一般的热情。崇高的感情，不过分，也没有不及，恰到好处，是一种真情实感。在朗吉努斯看来，没有一种东西能像真情那样，自然流露就可显示出崇高。当艺术家的真情自然而然地流露出来时，就会与欣赏艺术品的人产生共鸣；而当艺术家弄虚作假时，欣赏艺术品的人就会心生厌恶。

同时他认为，崇高的感情一定能使艺术欣赏者获得意外的惊喜。崇高的艺术风格，不是征服艺术欣赏者，而是给他们狂喜，这是一切艺术家都应努力实现的效果。这是因为，崇高的情感，不仅在于说服与娱乐人们，更重要的是要让他们惊叹，受到强烈的感化。

基于此，朗吉努斯要求艺术家创作的时候，只考虑作品的广度是不行的，更要关注思想的深度与感情的强度。换句话说，他所指的崇高，是要艺术作品蕴含艺术家的气魄和力量，并给艺术欣赏者以震撼的效果。

【图 13】 马可·奥勒留雕像

古罗马的哲人帝王

古今中外的历代帝王中，喜好诗歌、文学、艺术、宗教，甚至有所建树的，并不少见。但能同时在自己的帝王生涯中功勋卓著、名垂青史的就少有了。而从政坛和战场中悟出人生和世界的真谛，并著书立说，传之后世，享有哲人声誉的，恐怕仅此一位。那就是罗马“五贤帝”的最后一位——马可·奥勒留（图13）。

马可·奥勒留出生于一个显赫贵族家庭，在幼年时受到了良好的哲学、法律、修辞和艺术教育。他年少时喜欢穿着希腊学者的长袍，拥有与年龄不相符的沉静。哈德良皇帝早早地就注意到了他，把他接到宫廷接受教育。他青年时就三度出任执政官，40岁那一年，登上了至高的皇位。

此时马可·奥勒留要面对的，是如何维系这个庞大的帝国。这个曾以学者为理想的皇帝开始了四处征战的生涯。他曾击退了入侵高卢的日耳曼部落，出兵远在里海的亚美尼亚。他在位20年期间，只有4年没有战争。但他一直向往和平和博爱。曾经有反叛他的总督被部下杀害，他却感叹此事没能和平解决。

他所崇尚的斯多葛派哲学要求以理性来理解这个世界，以不断适应外界而达到自己的完善。马可·奥勒留也正是以这样的理念实践着自己的帝王生涯。他将自己人生的感悟写成了名著《沉思录》。此书没有复杂的概念和论辩，而是以优美的笔触写出了一个哲人兼帝王所渴望的和平和宁静。此书也使他成为斯多葛派的代表人物。

最早的“心灵美”

“眼睛如果还没有变得像太阳，它就看不见太阳；心灵也是如此，本身如果不美也就看不见美。”这句高度赞扬“心灵美”的名言，流传已久，出自古罗马哲学家普罗提诺之口。

普罗提诺出生于埃及，是柏拉图思想的忠实追随者，他将柏拉图的理念世界、基督教的神学观念，以及古印度和波斯的神秘主义思想结合在一起，提出了“三一原理”。在他看来，可见的现实世界背后，存在着另外更高形式的世界，充当世界的最终起源和基础。柏拉图将其称为“理念世界”，而普罗提诺则称之为“太一”。太一是最完满的原始力量，是宇宙一切的根源，也是真善美三位一体的统一。那么，太一是如何创造出可见世界的？普罗提诺采用了“放射”学说予以解释。

他说，太一好比是天空中的太阳，它是完美的，充盈的。它将自身的光放射出来，放射得越来越远，依次形成宇宙理性、灵魂和感性的世界。随着放射距离的增加，放射所形成的三个世界的层次也越来越低。由此所反映出的神的光辉也越来越微弱，各个不同的层次也越来越不完善。在最后一个层次，即感性世界里，充满着与太一相对立的物质。但是，这种对立是短暂的，因为感性世界的物质最终还是要回到太一那里，如此不断往复。

普罗提诺承认，在物质世界里，美是存在的。但是，物质世界的美，不在于物质本身，而在于反映神的光辉。

在普罗提诺那里，美成为一种艺术范式和理念，这与柏拉图的美学观点大致相同。虽然自然美反映和体现了艺术范式和理念，但是自然美远远不及艺术范式之美。既然如此，可见世界的艺术作品，其自身的美并不能完全表露出艺术家心中的理想美——艺术范式和理念。

虽然艺术作品无法完全展示艺术范式和理念，但是，这并不表示我们不能接近它们。在普罗提诺看来，只要我们不断提升自己，就可以熟悉这种绝对美的范式。那么，具体的途径是怎样的呢？

他说，人们首先必须放弃现实的材料美，不应该使自己沉迷于具体事物的美。这是因为，具体事物的美，只不过是一个形象，一种暗示，或者一个影子。在这些背后，才是美的本原。因此，人们只有超越具体的材料美，才能看到这种绝对的美。那么，方法是什么呢？为此，普罗提诺提出了“心灵美”学说。他说：“人们必须闭上眼睛，使用另外一种视觉，这种视觉，只要你愿意，会在内心里自然苏醒。虽然这是一种人人都拥有的天赋才能，但几乎没有人使用过。”唤起人心中的这种“视觉”，注意力首先要放在所有高贵的追求之上，其次是美的艺术作品上。但是，仅仅做到这些远远不够，为了通晓绝对完善的美，人们还要让自己在精神上美。也就是说，在道德上，人们要做到尽善尽美。

就这样，从感性美的经验出发，经过道德美或者心灵美的关照，最终达到绝对完善的美。只有通过心灵去观看，人们才会看到这种美。一旦看到它，心灵就会感受到，比看到具体事物的美之后具有更加强烈的愉悦与敬畏之情。

第二章

以“神”的名义：中世纪美学

（5世纪—13世纪）

从5世纪到13世纪，大约有一千年的时间，欧洲大陆处于黑暗的中世纪时期。这一时期，西方的美学思想和文艺理论受到基督教教会势力的干预，几乎没有什么发展。这种僵化窒息的局面，直到但丁的出现，才有所改变。《忏悔录》之父奥古斯丁认为美是一种和谐，但是这种和谐是因为观照对象上打上了上帝的烙印，所以才能给人以愉悦感。奥古斯丁之后，托马斯·阿奎纳写了《神学大全》，在其中提出了美的三要素，从事物的外在形式来寻求对美的定义。中世纪最伟大的诗人但丁写了《神曲》，从内容和形式方面探讨了诗歌的意义。

【图 14】 油画《三位一体双圣奥古斯丁和圣凯瑟琳·西耶娜》

《忏悔录》之父

4世纪后半叶，有这样一个人：他出生在非洲，却在欧洲定居；他憎恶基督教，是一个十足的敌对者，但后来却成为一名虔诚的基督徒，并被罗马主教封为圣徒；他年轻时生活放荡，堕落不堪，却因为一次花园里的奇遇而悔过自新；他的人性中始终蕴藏着两股力量：一方面放任自由，另一方面专心诚意，追求真理；他痛改前非，写出脍炙人口的《忏悔录》，并在有生之年完成捍卫基督教的神圣经典《上帝之城》。他就是欧洲中世纪基督教神学和教父哲学的代表人物奥古斯丁（图14）。

在《忏悔录》里，奥古斯丁尝试着回答有关审美的问题：什么是美的东西？什么是美？美来自哪里？后来，在《上帝之城》里，奥古斯丁给“物体美”下了一个更具普遍性的定义。他说，美就是物体各部分的适当比例，再加上一种令人欢悦的颜色。除此之外，对于一般意义上的美，他也给出了自己的看法：美就是整体和谐。

奥古斯丁的美学思想不可避免地受到中世纪神学思想的影响。在他看来，不管是大自然，还是艺术品，使人们赏心悦目的那种愉快感觉，并不是来自于观照对象本身的整体和谐，而是来自于上帝对观照对象的影响。这是因为在观照对象那里，上帝早已深深地留下了烙印。正是这种烙印，才让欣赏者感到愉快。

奥古斯丁认为，上帝本身就是一个统一整体。上帝创造了万事万物，同

【图 15】 [德]丢勒《圣徒对三位一体的崇拜》

时把自身的整体和谐性质印在万事万物上。这样，万事万物就自然而然地显示着上帝的整体和谐。世间万事万物，散见于各个角落，但这并不影响它们反映上帝的特性。万事万物在各自运行的过程中，尽力反映上帝的整体和谐，这时候，人们就可以从杂多分裂之中见出和谐统一（图 15）。

和谐是美的，有限事物自身所展示的状态，是最接近于上帝的整体统一。然而，与上帝的整体统一相比，有限事物所实现的和谐，是无法与之相比的。也就是说，有限美虽然美，但不是最高的美，也不是绝对的美。很明显，他的这一观点受到了柏拉图的影响。

那么，现实世界为什么会如此和谐、如此统一、如此有秩序呢？奥古斯丁认为，整个可见世界，是上帝按照数学的原则和方法创设出来的。由于数学遵循严密秩序，因而整个世界看起来如此整齐和谐，有条不紊。他说：“数学起源于 1，而数字因为等同或者类似而显得自身很美。可见，数学的美与秩序是不可分割的。”为了说明这一点，他还举出了实际的例子。比如，动物四肢的平衡，人体上下的匀称，以及土水风火的体积变化和运动，都是由数在背后掌控着。可见，美的最基本单位就是数，因为数本身就是整体统一的。

奥古斯丁这种从数量关系中找寻美的定义的思路，既继承了毕达哥拉斯学派的美学思想，又启发了后来的达·芬奇以及实验美学对于美的形式主义的探讨。

除了研究关于美的问题，奥古斯丁还提出了关于丑的问题。在奥古斯丁看来，美是有绝对美存在的，但是丑却没有绝对丑。丑，都只是相对的。在统一整体中看，个别即便是丑的东西，也会因为自身反衬的作用，而显示出整体的美。换句话说，丑不是有害的，而是形成美的一种因素。但是，如果仅仅从丑的局部看，那么就始终看不出美，而只能看出丑。这里，丑作为整体美的一部分，虽然是美的对立面，但是只要立足于更为广大的整体，就会被克服并被纳入到整体统一之中。很明显，奥古斯丁解释这一原理的时候，流露出了简单的朴素辩证思想。

【图16】 ［意］朱塞佩·塞萨利《圣母子与圣徒彼得和保罗》

基督教在罗马是如何兴起的

基督教与罗马帝国的关系一开始并不融洽。基督教崇尚安贫和仁爱，与罗马奢靡、尚武的风气格格不入。基督徒只信仰唯一的神，不愿与罗马众神并列。罗马的统治者认为基督徒不服统治，一直进行打压。在暴君尼禄统治期间，就发生了一次大屠杀，使徒彼得和保罗被处死（图16）。后又有几位皇帝对基督徒进行迫害，罗马人甚至把自然灾难、蛮族入侵等危机都归罪于基督徒。

耶稣的十二门徒大多以身殉教，但基督教已经在罗马文明中扎下根来。基督教教义中排斥财富、宣扬社会平等的观念，使罗马底层的许多民众加入其中。他们放弃了私有财产，结成了财产共有的公社。这些公社在底层实践着民主的理念，推选长老和执事进行管理。

到了3世纪，情况就不同了。罗马帝国的统治出现了危机，国家陷入一片混乱。在这场危机中失去财产的农民和手工业者越来越多，他们成为教徒的主体。随着基督教的发展，许多罗马的中层人士也开始加入进来。连绵的战火和动荡的社会，加深了他们对现实的悲观，促使他们向往“天国”的美好。而此时的基督教组织也从早期的公社发展成规模更大的教会。教会遍布罗马帝国境内的各大城市，基督徒已经占到帝国总人口的约5%，基督教于是成为不可忽视的力量，并影响了后期的罗马文明。

【图 17】 梵蒂冈博物馆壁画中的托马斯・阿奎纳

美的三个要素

在奥古斯丁去世9个世纪之后，西欧又出现了一位继往开来的经院哲学家托马斯·阿奎纳（图17）。说起托马斯·阿奎纳，那个时代几乎没有人不知道他的名字。这是因为在中世纪那个基督教会繁荣昌盛的年代，托马斯·阿奎纳被教会一度奉为中世纪最伟大的神学家。他的《神学大全》深刻地影响了中世纪的神学发展。这部旷世巨著不但包含着丰富的哲学思想、神学思想，而且也涉及诗学和美学问题。

与奥古斯丁的基本出发点一样，托马斯·阿奎纳的神学思想中包含着新柏拉图主义。不过，托马斯·阿奎纳并不是纯粹地复古，他的美学思想中有亚里士多德“美学影子”的存在。不仅如此，托马斯·阿奎纳一改以往哲学家和神学家的长篇大论的论述风格，将大量复杂而又根本的问题，用简洁明了的语言，有针对性地给予了回答。托马斯·阿奎纳认为，美有三个要素：第一，完美或者完整；第二，和谐或者恰当的比例；第三，比较鲜明的色彩对照。

在托马斯·阿奎纳看来，美是通过人的感官来接受的，人们感知美的过程就是人的美感活动。因此，美的事物是感性的、直接的，美感活动也只涉及事物的形式，而不需要关注事物内在的意义。对于人来说，美只涉及人的认识功能。具备适当比例的事物之所以让人感觉美，正是因为事物的比例恰好是人们的感官所喜好的。而感官喜欢事物适当的比例，是因为感官自身的比例与事物的比例相似。所以，对于感官来说，事物的适当比例就是一种对照的呼应。同理，感官的每一种能力，都与事物的适当比例存在这种关系。

既然感官拥有认识美的能力，那么，具体来说，在认识美的过程中，到底需要哪几种感官呢？托马斯·阿奎纳认为，视觉和听觉是与美和美感活动关系最紧密的感官。作为在人的认识活动中最重要的两种感官，视觉和听觉在人认识美的过程中，直接为人的理智服务。

按照托马斯·阿奎纳的美学理论，一件美的事物，其自身必然包含让人感受到的美的形式，以及满足人的欲望的善。那么，创作美的事物的艺术活动，与美的事物的善，又有什么关系呢？在他看来，艺术活动的每一种创作，就其自身而言，都是一种完善的方法。这种完善的方法所创作出的艺术品，一定能满足人们向往该事物善的欲望。然而，艺术品的善，并不是人们所向往的所有善。艺术活动只制造事物本身的善，而不是人们所想要的其他任何善，这是艺术家创作艺术品时所遵循的重要原则。正因为如此，托马斯·阿奎纳认为，美的善只能在艺术家创作艺术品的过程中去寻找，而不能在艺术家身上找到。艺术品一旦被创作出来，只是被创作出来的事物的一种完善，而不是艺术家的一种完善。

恩格斯盛赞的天才诗人

在中世纪的历史上，曾经有这样一位思想家，受到无产主义革命导师恩格斯的高度评价。恩格斯说：“封建中世纪的终结和现代资本主义的开端，是以一位伟大人物作为标志的。”这位被恩格斯赞誉为里程碑式的人物，便是意大利人但丁（图 18）。在恩格斯看来，但丁不仅是中世纪的最后一位诗人，同时也是新时代的第一位诗人。

但丁著述很多，其中为解释《神曲》而写的一封信《致斯加拉大亲王书》和《论俗语》是他最为重要的两部文艺论著。

在前者中，但丁主要阐述了文艺作品的主题、主角、形式和目的等一系列内容。在他看来，诗歌具有多重意义，比如说，字面上的意义，以及文字背后蕴含的意义等。不管是哪一种意义，对于诗歌来说，都是可能存在的。不过，就诗歌这种艺术形式来说，讽喻意义是诸多意义中最为重要的意义。

在但丁看来，人的命运如何，全是人们自由选择意志的结果，也就是通常所说的“善有善报，恶有恶报”。在总结《神曲》整部诗歌的用意时，他说：“必须从寓言的角度看待全诗，主题就是人凭借自由意志，选择做善事，还是行恶事，最终受到各自应有的奖赏或者惩戒。”后来文艺领域内流行的“诗歌善恶报应说”第一次在但丁这里“崭露头角”。以往的文艺理论家只注重理论的说教，而但丁更看重诗歌对人实际行动的影响，就这一点来说，但丁的主张还是比较新颖和深刻的。

【图 18】 但丁雕像

文艺作品不仅内容有多重意义，在但丁看来，文艺作品的形式也有多重含义。他认为，文艺作品的形式至少有两种含义：第一，是文章的形式，也就是通篇作品的篇章结构。第二，是文章处理的形式，主要指作品内容的艺术表现方法。

从艺术表现来看，《神曲》在处理方法上具有多样性的特点。整部诗歌有韵律，也有修辞；有叙事，也有抒情，因而它是“诗的”；作品中既有现实的描述，又有虚幻的构造，因而它又是“虚实相间的”；在人物描写和场景刻画上，达到了栩栩如生的程度，因而它又是“描写的”；在叙事中，涉及古今事件，借题发挥，批评时弊，因而它也是“散论的”。总之，但丁善于使用多种表现手法，使得《神曲》将现实主义和浪漫主义巧妙地融为一体，成为中世纪文学的代表作之一。

值得一提的是，但丁明确宣称，《神曲》整部作品都是用妇孺皆知的俗语写成的。他所说的“俗语”，是指与教会所用的官方语言——拉丁语相对立的地方语言。但丁认为，俗语就是小孩子一开始识字辨音时，就从周围的大人那里经常听到的语言。说得更简单一些，俗语就是我们不用遵循什么规则，就可以从最亲近的人那里学到的语言。除了俗语，还有另外一种语言，那就是罗马人称之为“文言”的拉丁语。虽然拉丁语为希腊人和罗马人所熟悉和青睐，也在一些民族中间流行，但并不是所有的民族都掌握。而且，拉丁语对于人们来说太难了，需要花费大量的时间和精力来学习。相比较而言，但丁认为俗语比拉丁语更“高尚”，也更自然。因此，在创作《神曲》的时候，但丁不顾封建教会文学的陈规，毅然决然地使用了意大利的民族俗语进行写作。

总之，文艺作品的思想意义和语言问题，是中世纪末期和文艺复兴初期创作家和理论家普遍关心的重要问题。但丁在倡导使用民族语言以及借助文艺作品关注人的问题等方面所提出的新主张，对后来的文艺复兴运动产生了很大的影响。

第三章

“我是人”：文艺复兴美学

（14世纪—16世纪）

文艺复兴时期是文化艺术大收获的时代，一大批理论家和艺术家纷纷涌现，推动了近代美学思想的发展。其中，斐奇诺将美与生命体征相联系，强调美是一种德行；吉贝尔蒂则从具体的方面论述了绘画和建筑的美；著名画家达·芬奇写了《画论》一书，并提出了艺术反映自然的理论；吉奥塞夫·扎利诺对音乐艺术进行了研究，重点说明了音乐为什么能够陶冶性情、改变品行，这种伦理效果是如何产生的等问题。

【图19】 ［荷］老勃鲁盖尔《儿童游戏》

人体美与建筑美

文艺复兴时期，活跃在思想领域内的学术流派，除了人文主义者，还有新柏拉图主义者。其中最活跃的人要数马西尼奥·斐奇诺。他第一次将这一学派的创始人普罗提诺的著作翻译成拉丁文，并且将柏拉图的所有著作也翻译成拉丁文。

斐奇诺提出，美是非物质性的，只与有生命体征的事物相关联。在他看来，美不仅是视觉与声音，更是一种德行。在他之前，很多人用物理学的术语，比如尺寸、比例等，来进行美的分析。而这种分析方式他是极不赞同的。因为如果是这样的话，只有合成的复杂事物才能称得上美。不过，他也承认，遇到复杂的事物，如果不适用比例来加以分析，就没有办法达到那种让更多人接受的美的程度。

虽然斐奇诺没有指明怎样使用这种范式对不同种类的美加以验证和解释，但是他很明确地提出了一种确定的美，那就是超越于不同种类美之上的范式美或者理念美。不难看出，他的这种观点其实与柏拉图的理论是一致的。

新柏拉图主义者不仅有高深的思辨力、以人为本的美学思想，在实践方面他们也取得了不小的突破。这里，值得一提的是意大利建筑学家吉贝尔蒂。尽管他的艺术著作是以理论的形式呈现的，但是它们与以往的文艺著作相比，有一个鲜明的特点，那就是，作者将系统的理论与经验研究巧妙地结合起来，真正地做到了理论渗透到实践当中。

在吉贝尔蒂之前，艺术家将绘画看作对事物外在形象的再现。这种传统的观念认为，绘画就是在一个不透明的平面上，覆盖着线条与色彩，作为标记事物的符号。到了此时，吉贝尔蒂开始将绘画看成视觉的设计，用他的话说，绘画是一扇窗户，透过这扇窗户，人们看到了可见世界的一部分。

图形、线条和色彩，是传统绘画必不可少的东西。然而，在吉贝尔蒂看来，仅仅有这些还不足以构成绘画，绘画最重要的特征在于向人们展现戏剧性的题材或场景。他说，画家的功能在于，在任何平面或者墙壁上，用线条勾勒，用色彩涂抹，将人体画在平面之上，最终表现出某种题材或场景（图19）。并且，为了成就这样的题材或场景，画家首先必须避免不合时宜的东西，比如，一条狗像一头牛那么大，一瓶酒摆放在婴儿的摇篮中；其次，还应该避免通过使用过多的人物形象和动作来打动欣赏者。

除了绘画，吉贝尔蒂还论述了建筑的美。他认为，美是建筑的最高目的。一幢完美的建筑，起码应具备三个标准：实用，强韧耐久，赏心悦目。在他看来，赏心悦目是其中最为高贵的，也是最有必要的。明确完美建筑的标准后，吉贝尔蒂用一种独特的方式对建筑美做出说明。他说，建筑的美，全在于建筑各部分的和谐。只要建筑物上有美，那么它一定是以和谐的比例结合在一起的。其中的任何一部分，增加一点，或者减少一点，就会变得不美，或者失去原来的美。

此外，吉贝尔蒂还区分了建筑装饰和建筑美之间的区别。他认为，美是一种性质，是固有的与天生的，并流淌于事物全身。而装饰则不同，它不是事物天生的、固有的，而是某种附加在事物之上的东西；美是内在的，装饰则是外在的。除此之外，事物各部分的关系与连接，也就是通常所说的一致性，给予事物整体以美和优雅。这种让事物优美的一致性，与其他事物相比，是独一无二的。正是由于这种一致性的存在，使得本性上不同的部分放在一起，就变成了一个和谐的美的整体。因此，当这样的事物通过视觉，或者其他感觉器官，呈现给心灵的时候，人们就可以感知到这种一致性。吉贝尔蒂根据自己的这些建筑理论，创作出了不朽的杰作——《天堂之门》（图20）。

【图 20】　[意] 吉贝尔蒂《天堂之门》

【图21】 达·芬奇雕像

达·芬奇谈绘画

达·芬奇是意大利文艺复兴时期的艺术家，是那个时代众多才华横溢的“巨人”中的一个（图21）。从30岁开始，达·芬奇就有意识地记录创作心得以及科研成果，准备用毕生精力写作画论、力学和解剖学三部著作。然而，由于整日奔波忙碌，达·芬奇最终没有实现这个目标。虽然他的著作没有完成，但却留下了很多手抄本形式的画论笔记。后来的人们根据这些笔记，编纂成《画论》一书。

达·芬奇的画论笔记，涉及透视学、光影学、解剖学（图22），以及配色等绘画方面的理论和技巧，但也不乏关于艺术理论方面的内容。这些艺术思想立足现实主义，丰富了文艺复兴时期的人文主义文艺理论。

在达·芬奇看来，人类的一切知识都源自人的感觉。那些既不是从经验中产生，又没有经过感官感知的知识，都是虚假而荒谬的。作为一门艺术，绘画以感性经验为基础，并且以人最高贵的感觉——视觉为基础。基于此，绘画必然要以自然为源泉，而且它也必定能成为自然界一切可见事物的模仿者。为了实现这一点，达·芬奇认为画家必须以自然为师。他说：“作为一名画家，心思应该像一面镜子，将自己转化为对象的颜色，并丝毫不差地按照事物原来的样子，将这些颜色分配到物体的形态上。我们应该明白这一点，那就是，如果你不是一个能用艺术再现自然所有形态的能手，那么，你也就不配做一名高超的画家。”这便是著名的艺术再现自然的“镜子说”，形象地

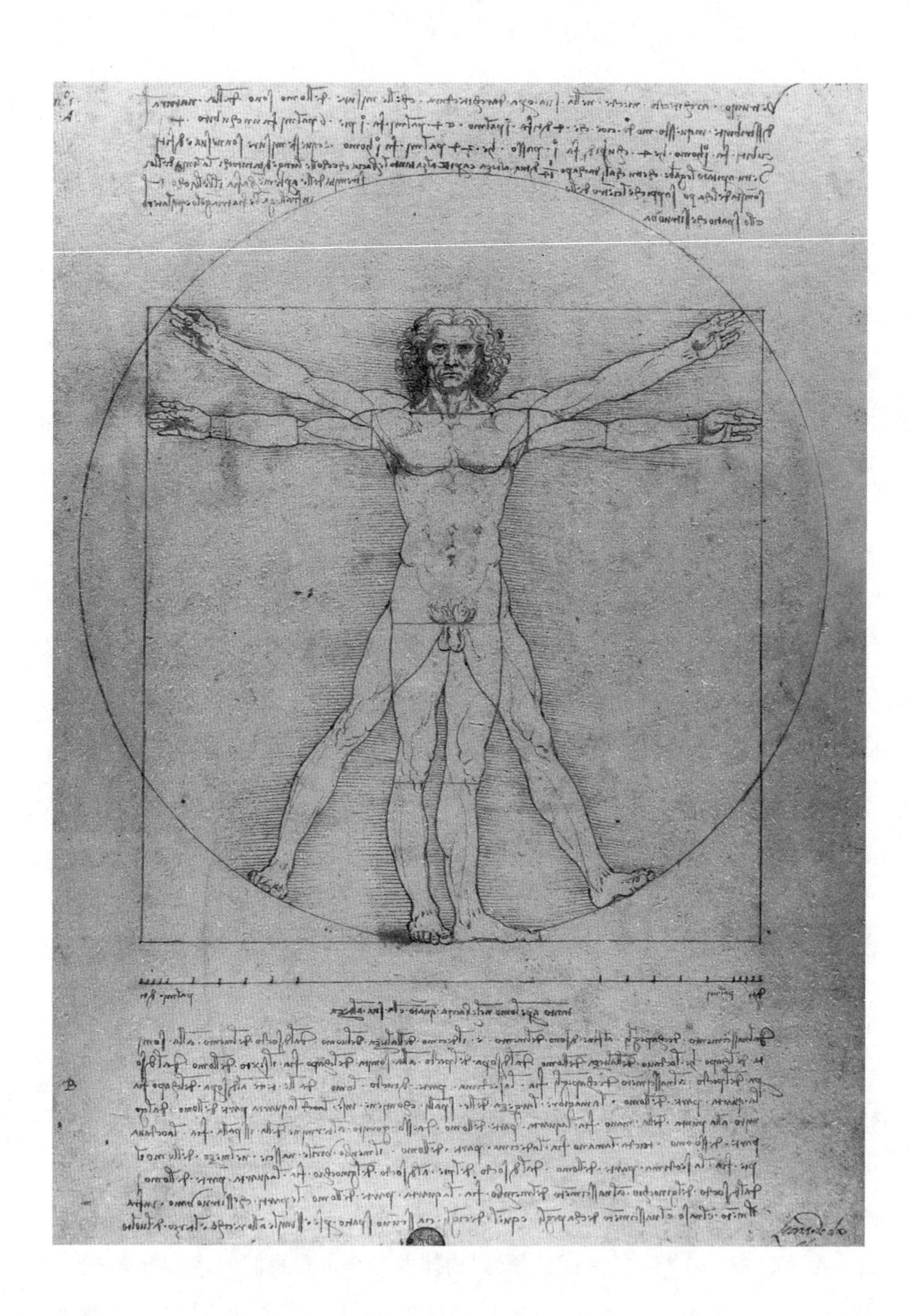

【图 22】 [意] 达 · 芬奇《维特鲁威人》

说明了艺术必须反映现实的创作规律。

达·芬奇主张艺术应该像一面镜子，忠实地反映自然，但是这并不意味着艺术家创作的时候，要机械地抄袭自然，直接地照搬自然。这里，在艺术如实反映现实的关系上，达·芬奇又提出，不能仅仅依靠感官认识自然世界，还应该用理性的眼光去审视和理解世界。

那么，达·芬奇所说的“理性”，到底是什么含义呢？从画论笔记来看，他说的“理性”主要包括两方面的含义。一方面是指有关绘画的科学知识，比如透视学、光影学、解剖学等，另一方面是指创作过程中的思维活动。

观察自然，思考自然，寻找自然事物中最优美的部分，需要创作者进行选择和整合。达·芬奇所倡导的这种创作方式，就是后来文艺理论家常说的典型化或者理想化。达·芬奇在给青年画家的建议中，有这么一条：“画家应该时常到田野里去，每次去须用心观察各种事物。仔细地看完一件事物后，再去看另外一件事物，将比较有价值的东西从它们身上挑选出来，并有效地组合在一起。”

经过观察和思考，画家所反映出的自然，又不同于眼前真实的自然，它是“第二自然”。达·芬奇认为，在人类所有的成员中，唯有画家可以与自然相抗衡，并胜过自然。在与自然竞赛的过程中，画家之所以能胜出，是因为画家笔下的自然，是通过缜密细致的心思创造出来的。画家不仅能自由地思考大自然中的万事万物，而且还能够创造它们。画家看到令人迷恋的美人、骇人听闻的怪物、幽默滑稽的东西，抑或炎热气候中的浓荫之地、天寒地冻间的温暖场所、深邃的山谷、无边的海平线……只要他愿意，他就可以用手中的笔将这些事物创造出来。因此，达·芬奇说，画家是所有人和万物的主人，他能主宰宇宙中的一切，创造出自然中存在与不存在的形象。不管是实在的东西，还是想象的东西，画家都可以先存之于心，然后用之于手，显之于画。

在创作实践上，达·芬奇竭力劝说画家，应该到真实的生活场景中，去观察人们各种各样的表情和手势。绘画的时候，不仅要求人物形似，更要求神似，画中人物的一举一动，都要表现出人物当时的心灵状态。

【图23】 [意]达·芬奇《最后的晚餐》(局部)

在达·芬奇的作品中，蒙娜丽莎的微笑，耶稣门徒在最后晚餐时的不同神态（图 23），都是他从现实出发，以高度凝练的艺术手法来展现人物内心活动的杰作。据说，为了描绘耶稣门徒犹大的形象，达·芬奇曾经花费一年多的时间，出入于无赖泼皮聚集的地方，认真研究他们的相貌和神态。

多才多艺的达·芬奇

我们大多数人知道达·芬奇是一个杰出画家，但实际上他是一个博学者，在绘画、音乐、建筑、数学、解剖学、生理学、动物学、植物学、天文学、气象学、地质学、地理学、物理学等领域都有深入的研究。他全部的科研成果保存在《达·芬奇手稿》中，大约有15000 页。爱因斯坦认为，达·芬奇的科研成果如果在当时就发表的话，科技发展可以提前半个世纪。达·芬奇具有非常强烈的求知欲，在他看来，某个知识点或某条规律没有弄明白，是人生很大的遗憾。这样的求知欲可以使一个人能够在某一领域进行深入研究，是一个人成才的必要条件。

【图 24】 普鲁塔克

音乐的情感怎样产生

文艺复兴时期，音乐的发展丝毫不比绘画和建筑逊色。这一时期，音乐家已经开始在他们的作品中展示出了崭新的音乐思想。

那时候，音乐的创作主要从两种观念中汲取灵感：一方面，作曲家将音乐当作一种表现形式，比如，在音乐的帮助下，使用音调作画；另一方面，作曲家将音乐当作母题，在此基础上进行创作。

与其他领域的人文主义者一样，文艺复兴时期的音乐理论家们致力于古希腊古典文化的恢复。尽管他们所掌握的古希腊音乐知识十分有限，但他们从柏拉图、亚里士多德、普鲁塔克（图 24），以及其他一些人那里所学到的关于古希腊音乐的论述，对他们产生了很大的影响。古希腊时期诗歌与音乐的紧密关联、诗词与旋律的完美结合，都使得他们兴奋不已，印象深刻。古典时期，创作家所重点强调的音乐伦理效果，直接引导他们将音乐的作用定位在人的性格与品德的培养上。

随之而来的问题便是，既然音乐里所包含的情感可以陶冶性格、改变品行，那么音乐的情感和这种伦理效果是怎样产生的呢？这一问题由音乐理论家吉奥塞夫·扎利诺做了很好的阐述。

在《和声原理》中，吉奥塞夫·扎利诺认为，话语的表达通常有两种方式，一种是叙述性的，比如文字；另一种是模仿性的，比如音乐、绘画。不管是哪一种方式，所表达的内容不外乎快乐抑或悲伤，重大抑或微小，谨慎

【图 25】 [荷] 扬·凡·艾克《奏乐的天使》

抑或放荡，等等。然而，仅仅知道这些还不够，还必须在与之相类似的和弦与节奏中做出选择。这是因为只有选择合适的和弦与节奏，才能按照一定的规则将素材与音乐结合起来，从而产生适合于目的的旋律（图 25）。

节奏是音乐的主要表现手段，对于节奏来说，也有欢快与悲伤之分。一般来说，缓慢的曲调是悲伤的，而快速的节奏是欢快的。

另外，按照吉奥塞夫·扎利诺的主张，作曲家还要勇于修改乐曲中的文本元素。这里，作曲家不可避免地要面对一个古老的道德问题：就文本和道德而言，创作家应该忠实于道德而不合文本，还是应该忠实于文本而不合道德？如果只关注文本的话，为了适应固定的音乐结构，保持一词一句与之相对应，作曲家就要不断地改变音乐的调式与和弦。这样一来，结果可能导致音乐变得毫无美感。虽然听众能很清楚地听到这些词句，但音乐的节奏依附于文本，无法展示自身的艺术效果，这就使得越是忠实于文本的音乐，越没有美感，也越脱离音乐的本质。

L'EMPEREUR
DES FRANCAIS
D'INFANTERIE
DE LIGNE

第四章

理性之美：古典主义美学

（鼎盛于17世纪）

发源于意大利的文艺复兴运动，在17世纪逐渐转移到法国。然而，当时的法国非但没有顺应文艺复兴的潮流，反而进一步加强了中央集权的专制统治。思想文艺界出现了新古典主义思潮，它虽要摆脱旧式的古典主义，却又止步不前，无法取得实质的推进。哲学家兼数学家的笛卡尔留下了“我思故我在”的哲学名言，构建了理性主义的哲学和美学。法国诗人、文艺理论家布瓦洛强调理性和真实的自然，其作品《诗的艺术》被誉为古典主义的法典。

【图26】 [荷]哈尔斯《勒内·笛卡尔》(局部)

笛卡尔：我“思”故我“美”

1648年，一位52岁的数学家因为自己的国家爆发黑死病而独自一人流落到瑞典。在那里，他结识了一位喜欢数学的公主。这位公主刚满18岁，名叫克里斯蒂娜，邀请了这位数学家当她的数学老师。很快，两人坠入爱河。当国王知道这件事情后，立即将数学家遣返回国。

回国后，数学家一直没有忘记给公主写信，但每一封信都被国王拦截下来。当第十三封信到达国王的手中时，这位数学家已经躺在床上奄奄一息了。与以往的信件内容不同，这封信只有一个数学公式：$r=a(1-\sin\theta)$。国王不明白是什么意思，便将这封信交给了公主。公主看后，明白了爱人的用意，连忙画出了这个公式的图形。当这个图形在公主的笔下完全显露时，她幸福地笑了。原来，这个数学公式表示的是一幅美丽的心形图案。

这位临死前用美丽的图案向心爱的人表达爱意的数学家，正是17世纪法国哲学家兼数学家笛卡尔（图26）。

笛卡尔认为，人类可以用理性的方法进行哲学思考。在他看来，与人的感官相比，理性显然要可靠得多。为了更好地说明这一点，笛卡尔还举了一个例子说，当我们做梦的时候，感官给予的信息使得我们相信自己正处于一个真实的世界。然而，当我们醒来之后就会明白，那只是一种幻觉而已。

正当笛卡尔怀疑世界上所有的一切都是虚假的时候，他突然发现，有些东西是必不可少的，那就是“那个正在思维的我”。基于这一点，笛卡尔提出了他所追求的哲学的第一条原理——“我思故我在”：当我怀疑一切事物的存在时，我却不能怀疑我本身的思想。因为我怀疑本身的思想时，也是一种怀疑的活动，从而证明我已经存在。

笛卡尔的唯理主义为古典主义美学提供了认识论和方法论的哲学基础。在笛卡尔那里，理性与感性，认识与实践，理智与情感，共性与个性，一般与特殊，必然与偶然，都是相互分裂、彼此对立的。因此，反映在美学上，他的是非善恶美丑的分辨标准，完全依附于主观的判断，并不确定。在文艺创作中，笛卡尔忽视创作者想象的重要性，而只认为文艺完全是理智的产物，将美学中的理性主义推向极致。

除了确立理性主义的基本原则，笛卡尔还论述了音乐和美的定义。在《论音乐》里，笛卡尔讨论了声音与人的心理状态的关系。在笛卡尔看来，音乐在人听来之所以优美，全在于声音的愉悦。这种声音的愉悦是与人的内在心理状态相呼应的。在所有的声音中，人的声音是最为愉悦的。这是因为人的声音与人的心灵保持着最大程度的对应。不仅有愉悦的声音，也有悲伤的声音。不管是愉悦的声音，还是悲伤的声音，音乐之所以能够感人，根本的原因就是音乐与人内在心理的对应关系。节奏舒缓的调子，可以让人产生忧伤或者安静的情绪；急促活跃的调子，可以引起欢快或者愤怒之类的情绪。这就是笛卡尔关于音乐的“同声相应”的学说。

在给麦尔生神父的一封信中，笛卡尔讨论了美是什么的问题。笛卡尔认为，美是人们的判断与对象之间的一种关系。由于人们彼此间的判断大相径庭，因此美是没有确定的尺度的。笛卡尔不仅认为美没有定论，还提出美丑只是人的主观感觉，这种感觉与个人的生活经验是密切相关的。他说，同一件事物，对于不同的人来说，会产生不同的反应——有一部分人可能高兴得手舞足蹈，而另外一部分人可能悲伤得痛哭不已。而这主要取决于存在于人们记忆中的哪些观念受到了强烈的刺激。

在《论巴尔扎克的书简》里，笛卡尔指出，文学作品通常存在四种毛病：第一种是耍小聪明，显摆修辞；第二种是文辞优美，但思想恶俗低劣；第三种是思想卓越高超，但文辞晦涩难懂；第四种是说理质朴，但用词粗糙，过于生硬。

据此，笛卡尔认为巴尔扎克的作品文辞纯洁，没有上述的这四种毛病。在他看来，巴尔扎克的文学作品，其内容和形式、思想和语言是一致的。他还认为，就作品形式而言，巴尔扎克的作品体现出了整体与部分的和谐统一。他说："这些作品里体现着优美与文雅的光辉，这种美是所有部分总和起来后显示的，而不是存在于某一特殊的部分。各部分之间相互连接，恰到好处，没有哪一部分特别突出，以至于压倒其他部分，损害所有部分的完美。"

笛卡尔与星星

笛卡尔是17世纪欧洲哲学界和科学界最有影响的巨匠之一，被誉为"近代科学的始祖"。他创立了著名的平面直角坐标系。

有很多关于笛卡尔的趣闻。据说有一次，笛卡尔坐在自家屋前的台阶上，望着黄昏时分朦胧的地平线。一个过路人走到他身旁停下，问道："喂！聪明人！你知道天上有多少颗星星吗？"笛卡尔回答道："蠢人！谁也不能拥抱那无边无际的东西……"

【图 27】 布瓦洛

“古典主义的立法者”布瓦洛

17 世纪上半叶的法国，代表封建贵族利益的贵族沙龙文学和代表王权利益的古典主义分庭抗礼。以布瓦洛为代表的古典主义文艺理论家，旗帜鲜明地扛起古典主义的大旗，与贵族沙龙文学展开激烈的辩论与抗争，并成功挫败了贵族沙龙文学的代表夏普兰，迫使夏普兰承认自己不是诗才。

尼古拉·布瓦洛（图 27），法国诗人、文艺理论家，1636 年出生于巴黎的一个法院书记官的家庭。他一生著述丰富，其中的代表作《诗的艺术》集中展现了其哲学和美学思想，被后世誉为古典主义法典。布瓦洛也由此当之无愧地被人们奉为古典主义的立法者和发言人。

受笛卡尔理性主义哲学的影响，布瓦洛将“理性”贯穿于《诗的艺术》全书。在第一章里，布瓦洛就将这个口号鲜明地提出来：“理性，我们要一心一意地追求和守护，一切文章永远只能从理性那里获得价值和光芒。”布瓦洛所说的理性，是普遍人性当中的主要组成部分，也是人生来就有的辨别是非善恶的能力。换句话说，理性就是我们经常谈及的天性、常识，它是永恒的、自然的、普遍的。

既然美是普遍永恒的，而真理也带有普遍性和永恒性，那么在布瓦洛看来，美与真没有什么不同。关于美与真的关系，布瓦洛说：“只有真才美，只有真才可爱。真应该统治一切领域，寓言也不例外。而一切虚构中的虚假，就其本身而言，是真正的虚假，它们也只是为了使真理更加显要。”布瓦洛所

【图 28】 ［法］大卫《拿破仑·波拿巴穿越大圣伯纳德山口》

说的“真”，也就是自然。

需要说明的一点是，布瓦洛所说的自然，既不是一般的感性世界，也不是自然风景，而是人之常情和常理，特别是指人性方面的东西。在布瓦洛看来，艺术的创作只能模仿自然，任何违背自然的离奇荒诞的事情，都不能出现在文艺作品中。针对悲剧作家大肆改变剧本情节的行为，布瓦洛劝告说，一部戏剧，如果使观众感到难以置信，那就近乎荒谬了。荒诞离奇的情节，不能使人信服，更不能打动人心。只要做到真，艺术就可以将丑恶的东西转化为可以欣赏的对象。他说，在这个世界上，即便是一条丑恶的毒蛇，抑或其他面目可憎的怪物，只要经过艺术的临摹，就可以变得赏心悦目。最令人害怕的事物，在精妙笔墨的引领下，也可以将人们带进一个可爱有趣的世界。

为了最大限度地做到真，在布瓦洛看来，悲剧的主角可以犯错，身上拥有一般人所常见的缺点或毛病，这样才更为接近真实。相反，如果悲剧的主角完美无缺，尽善尽美，那就不符合事实，脱离自然了。他告诫悲剧作家说，既要防止把英雄（图 28）刻画得猥琐不堪，也应该让伟大的心灵有些过错。

除了这点，布瓦洛还认为，文艺作品做到真，最重要的一点，是要抓住人性中普遍永恒的东西。换句话说，创作家要创造典型，为一般大众所喜闻乐见。

第五章

由玄学转向科学：经验主义美学

（17 世纪—18 世纪）

经验主义美学强调感性经验的重要性，认为事物只有在感觉、生理或者心理方面引起人的快感，才算是美的。培根是经验主义美学的先驱。霍布斯提倡运用数学的方法研究事物，也探讨了想象与虚构的问题。休谟是经验主义美学的集大成者。与经验主义美学对立的新柏拉图主义，其代表人物有夏夫兹博里及其学生哈奇生，他们的理论从侧面也表现出经验主义美学的思想。

【图 29】 弗朗西斯・培根

经验主义美学的先驱——培根

弗朗西斯·培根（图 29），1561 年出生于伦敦，是英国文艺复兴时期最重要的思想家、散文家和哲学家。近代西方思想史上，培根是第一个将人生理想由观照转为行动的人。他的一句名言——知识就是力量——是文艺复兴时期，自由的科学精神在英国的体现。

中世纪时期，经院哲学曾经一度控制人们的思想。培根反对经院哲学僵化的思维形式，并将它比喻为一只蜘蛛，只会一味地自己吐丝织网。在他看来，真正的哲学家要像一只蜜蜂，从各色各样的花朵上采集花粉，通过自己的消化，将它们转化为甜美的蜂蜜。换句话说，培根认为，哲学家应该从感性的经验出发，而不是从机械僵化的概念出发。

不过，在培根看来，感性经验也是有虚假成分的。这是因为，人的感觉器官天生就有诸多缺陷与不足，并不是百分之百的可靠，尤其是当人们头脑中充满迷信、成见或者偏见的时候，就往往看不到真理的存在。因此，想要获得真知灼见，必须通过持续不断的观察和实验（图 30），去纠正或者完善从感官那里获得的认识。

由此，重视观察和实验，成为培根认识世界、指导实践的最重要途径。在他看来，自亚里士多德创立形式逻辑以来，从一般到个别的演绎法，严重阻碍了人们的认识。为此，他提出了一套与之完全不同的认识论。他说，从个别事物上升到一般原则，更有助于人们突破认识的局限，从而发现新的东

【图 30】 拉瓦锡的氧气实验

西。这就是后来所说的归纳法。

这样，培根第一次提出了科学的认识观和方法论。通过使用这些方法，人们可以获取大量的知识。培根将人类获取的知识分为三部分，第一部分是历史，第二部分是诗歌，第三部分是哲学；他也将人类的认识能力分为三种，分别是记忆、想象和理智。

在培根看来，记忆用于历史，想象用于诗歌，理智用于哲学。关于想象，培根又将其划分为形象思维和抽象思维，重现的想象和创造的想象。在这里，培根已经隐约指出想象这一心理活动的两种重要方式——联想与分想。由于诗歌天然是想象的产物，所以在培根看来，诗歌是一种虚构的历史。那么，既然是虚构的，为什么人们又需要这种历史呢？培根给出了他自己的答案。

他说，与人的广阔心灵相比，世界的范围是远远不及的。因此，要想使得人的精神感到愉悦，就必须找到超越于自然事物之上的宏伟与变化。然而，真实的历史当中，几乎是找不到这样的宏伟与变化的。而诗歌却可以虚构出此种宏伟与变化。因此，英雄式的事迹和行动，就源源不断地从诗歌中涌现。这样，诗歌就有助于拓宽人的胸怀，提升人的道德境界，也更有益于人的欣赏。诗歌能使事物的景象服从人的内心需要，从而振奋人心。所以，自古以来，诗歌被人们视为带有神圣性质的艺术形式。

自从罗马的西塞罗（图 31）去世以后，关于美的看法，人们一致推崇美在形式。到培根生活的时代，这一主张已经成为西方社会的流行观点。然而，培根却不这样认为。在《论美》里，培根认为，秀雅的、合适的动作，才是美的精华所在。像这样的美，一般的绘画是没有办法表现的。

他说，画家笔下的面孔，想要比实际看起来更美，恪守规矩并不是最佳的办法。相反，画家要做的是，凭借得心应手的技艺打破常规。很明显，在培根看来，艺术家进行创作，重要的是运用艺术家的奇思妙想，而不是严重依赖机械的拼凑。

关于美学，培根没有提出多少主张，但是他所创立的科学实践观和归纳法，开辟了美学发展的新方向，使美学第一次从玄学思辨的范畴转而进入科学的领域。在此基础上，英国的美学派别朝着科学的道路前进，这一点尤其

【图 31】 西塞罗雕像

体现在对审美对象的心理学分析方面。正因为如此，后世将以培根为代表的英国美学派称为经验主义美学。此外，培根强调艺术创作过程中的想象与虚构，主张艺术家应该发挥自身的奇思妙想，这为后来的浪漫主义美学埋下了伏笔。

培根之死

1626 年 3 月，65 岁的培根坐车经过伦敦北郊。他当时正在潜心研究物理学中的冷热问题。当马车经过一片雪地时，培根突然想到一个实验方法。他命人杀了一只鸡，将雪填进鸡的肚子，来观察低温对腐烂速度的影响。但由于他身体孱弱，经受不住风寒的侵袭，支气管炎复发，病情恶化，于 1626 年 4 月 9 日清晨病逝。

培根秘书的思想光芒

培根的厉害之处，不仅在于他第一次发出“知识就是力量”这一前所未有的响亮呐喊，还在于他影响了身边的一位秘书——霍布斯，而后者最终成为一名出色的哲学家。

托马斯·霍布斯，1588 年出生于英格兰。早年，他曾担任培根的秘书，深受培根的影响。后来，他又结识了当时欧洲思想界的领军人物笛卡尔，受到其理性哲学的影响。

霍布斯认为，一切存在的东西都是物体，一切发生的事件都是运动。人虽然具有自主性，但只是一种自动的机械。相对于身体而言，人的心灵也是一种精妙细微的物体。因此，人的一切心理活动，比如思想、情感、意志等，都是物质的运动。事实上，抽象的一般概念是不存在的，只是些文字符号，只有个别的具体的事物才是真实存在的。因此，在霍布斯看来，哲学的任务在于——运用数学的方法研究物体及其运动，从而寻找物体与物体之间的因果联系。这样，在思想界，他第一次大胆地排除了有神论的主张。

霍布斯的哲学主张，深深地影响了他的美学思想。在《论人类》里，霍布斯继续探讨了培根曾经提出的想象与虚构的问题，并且总结了人类的心理活动。在他看来，在人的心灵中，观念是完全地或者一部分一部分地作用于感觉器官之上的。对于所谓的先验观念，他是持反对态度的。他认为，每一个观念，都可以用图像的形式或者单一的可以感觉到的形式表示。人们的一

【图 32】 [荷]凡·高《埃滕花园的记忆》

系列心理活动是由运动组成的，附着在这些运动之上的，便是人们的想象。当身体的运动停止的时候，这些想象仍然存在，因此想象对人来说，是一种逐渐衰退的感觉。当这种感觉变得越来越弱化的时候，就被后来的更为生动的想象覆盖。当先前的感觉弱化、消退之时，它就成为人们所说的“记忆”（图 32）。

在霍布斯看来，人的感觉器官受到外在物体运动的冲击，可以产生两种反应：一种是认识性的反应，也就说人们常说的感觉；另一种是实践性的反应，也就是人们常说的快感或者痛感。对于人的生命功能来说，如果感觉器官所受到的冲击是有害的，那么就会产生痛感以及随之而来的厌恶；如果所受到的冲击是有益的，那么就会产生快感以及随之而来的欲望。

据此，霍布斯进一步区分了两种不同的想象：一种是有欲望的想象，一种是没有欲望的想象。并且他还认为，有欲望的想象与创造的想象，在本质上是一样的。他说，从某种欲望出发，人们就可以想起过去使用过的某种手段，又从使用这一手段，继而联想到需要使用另一手段，如此继续下去，最终寻求到那个起初的着手点。总之，当人的心灵受到某种欲望牵引的时候，它只能寻求满足——而这也是一种创造发明的能力。

因此，作为艺术家的创作手段，想象是一种自觉的活动，但是，这种想象并不是天马行空的，总能在艺术家那里找到最终的根据。这与之前流行的观点，即想象是非逻辑的、与抽象思维截然对立，是完全不同的。艺术家在进行创作的时候，涉及想象往往只关注事物的两个方面：一方面是事物之间相似或者不相似的地方，另一方面是事物自身的用处，以及如何使用它们实现目的。一个充满想象力的人，可以看出事物间旁人很难看出的相似点。而一个充满判断力的人，可以分辨事物间的不同之处。一句话，想象力用来求同，判断力用来辨别。这两种能力相互补充，在艺术家进行创作的时候，不可分离，不可替代。

【图 33】 ［法］伦勃朗《在画室里的艺术家》

“第六感官”的出处

虽然霍布斯等倡导的经验主义美学在17、18世纪的英国占据着主导地位，然而，不可否认的是，当时也流行着另外一股思潮，虽然处于次要地位，但与经验主义美学相互对立，它就是剑桥学派的新柏拉图主义。这一学派的代表人物是夏夫兹博里。

夏夫兹博里出生在英国一个贵族家庭，他认为人天生就有区分善恶美丑的能力。但如此，区分美丑的能力——通常所说的美感，与辨别善恶的能力——通常所说的道德感，在根本上是相互贯通、彼此一致的。对于人的这种与生俱来的能力，夏夫兹博里给它起了一些特殊的名称，比如“内在的眼睛”“内在的感官”“内在的节奏感”等，而后世的人们倾向于把这种能力称为“第六感官”。

在视觉、听觉、嗅觉、味觉、触觉这五种感官之外，还有一种内在的感官，它可以区分辨明善恶美丑。这种能力虽然是一种心理能力，却不属于理性思维的范畴。它仅仅是一种感官能力，与眼睛能看清颜色、耳朵能听清声音一样，具有直接性，而不用思考和推理。

那么，内在的眼睛，或者内在的感觉，究竟是怎样的一种感觉呢？夏夫兹博里举了一个例子加以说明。他说，就像吃草的牲畜那样，在美丽的草原上，它们会格外开心，然而，它们并没有意识到草原的美丽，它们之所以快乐，是因为它们的食欲可以得到满足。

【图34】 维京硬币

夏夫兹博里进一步论证说，牲畜所喜欢的是形式后面的实在事物，并不是形式本身。形式的东西，如果没有经过观察、对比和评判，是不会发挥其自身的作用和力量的。形式的东西，对于牲畜来说，仅仅是平息兴奋的感官和满足生理性的需要。因此，动物之所以是动物，是因为它们只具有感觉器官，并不会欣赏判别什么是美。而人就与它们不同，人会欣赏美或者判别美。当人这样做的时候，所凭借的并不是动物性的部分或者单纯的感觉器官，而是另外一种较为高尚的东西，这就是他的心灵或者理性。在夏夫兹博里看来，一般的感官能力属于动物性的部分，而内在的感官属于人的心灵或者理性部分。因此，欣赏或者判别美的能力，也就属于内在感官的功能了。

夏夫兹博里认为，人们所看的世界，是一切可能世界中的最美好的世界，丑与恶是整个美好世界的一小部分，它们的作用是陪衬整体的和谐。不仅宇宙和可见的世界如此，人也是如此。作为“小宇宙”，人可以反映大宇宙。每个人心中的善良品质，是一个人之所以成为人的最稳定的内在和谐部分，而这种和谐可以反映大宇宙的和谐。“小宇宙”的和谐与大宇宙的和谐都是美的，但大宇宙的和谐是第一性的美，人通过心灵所看到的美只是第一性的美的影子。尽管如此，由于内在节奏是人认识和欣赏事物形状、声音、颜色等外在美不可或缺的条件，因此，只要一个人的心灵不美，那么他就不能真正认识美，也就更没有办法欣赏美。

在夏夫兹博里眼里，除了第一位的造物主——神，还有第二位造物主，那就是诗人或者艺术家（图 33）。神创造了第一自然，即和谐的宇宙整体，诗人或艺术家创造了第二自然，即将事物造型成为他们想要的艺术品。所以，不管是自然，还是艺术作品，都是美的。并且，美的特性在自然和艺术作品上是一致的。那么，这种美到底体现在哪里呢？夏夫兹博里给出了自己的回答。

他说，美好的抑或漂亮的事物，集中体现在它们的艺术和构图设计上，并不在于它们的物质材料；集中体现在形式上，并不在事物本身。为了说明这一点，他以钱币（图 34）、徽章为例，说明艺术构思或设计才是美化者，金属材料是被美化者。而真正的美，不是被美化者，而是美化者。纯粹的物体，并没有美的本原，这是因为这样的物体既不能对自己设置意图，也没有办法自己控制或者调节自己。只有人的心灵才能控制物体、调节物体、设计物体，所以，心灵是物体美的本原。

给美分类的人

夏夫兹博里关于人性论与美学思想的主张，一经问世，就遭到了很多人的反对。其中，最有影响的是在英国的荷兰医生曼德维尔。这位在思想上接近霍布斯的反对者，提出了一套骇人听闻的论调，在英国乃至欧洲引起不小的轰动。当然，有反对者，就有支持者。支持夏夫兹博里的人愤然而起，进行了针锋相对的辩论，其中之一便是夏夫兹博里的学生哈奇生。

哈奇生，18 世纪初期英国的道德学家和美学家，曾经师从夏夫兹博里。作为门徒，可以说哈奇生真正继承了夏夫兹博里的衣钵。与夏夫兹博里一致，哈奇生也主张美感与道德感是相互贯通的，并且是人与生俱来的能力。

他认为，审美活动具有直接性，并且当美感产生的时候，直接作用在感觉器官上。对于人们来说，有些事物只要映入眼帘，立刻就会让人感觉到美，所以适合感觉到这种美的感官，被称为内在感官。这种内在感官与外在感官，既有相同的地方，也有不同的地方。不同之处在于，外在的感官，比如眼睛、耳朵，只能接受简单的观念，产生极其微弱的快感。然而，对于复杂的观念，以及较为强大的快感，就需要内在感官了。

不过，就相似性而言，内在感官和外在感官还是存在一致的地方。根据这一特点，哈奇生将审美能力称为一种独立的感官。他说，这种较为高级的能力，可以接受简单的、复杂的观念，将其称为“感官”再合理不过了。这是因为美的观念通过它们，很快在人们的心中唤起，而不是借助有关对象的

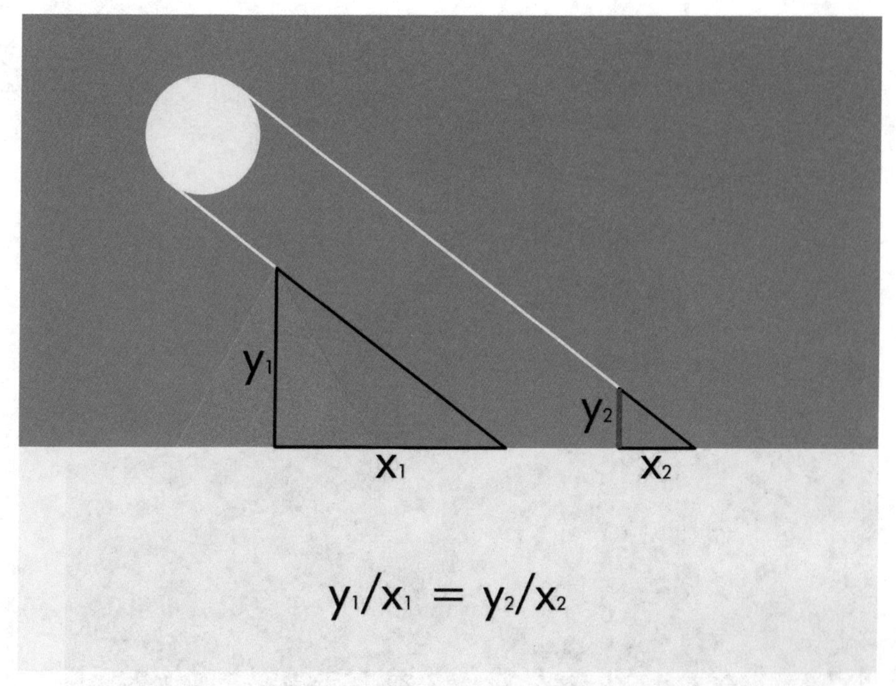

【图 35】　泰勒斯测量金字塔高度的方法

原则、原因或者知识产生美感。

尽管哈奇生的思想紧紧跟随老师夏夫兹博里的步伐，但仍有一些地方两人的观点是不同的，这尤其表现在审美能力的培养方面。在这一点上，夏夫兹博里强调文化修养有助于审美能力的提升，而哈奇生则极为重视个人的天资和禀赋。他认为，审美的内在感官既然是与生俱来的，就用不着进行后天的教育或培训。然而，当他谈到人与人之间不同的审美趣味时，又将这种区别归因于人们的不同联想。事实上，联想并不是人们与生俱来的，而是人们后天的经历以及长期教育所得来的结果。承认联想的作用，就等于否认了内在感官的直接性。可见，在这一问题上，哈奇生的说法是自相矛盾的。

与其他美学家一样，哈奇生也试图给美分类。他把美分为本真的美和比较的美两种。从单一的对象就可看出的美，是本真的美；而如果需要其他对

【图 36】 ［法］米勒《播种者》（局部）

【图 37】　［荷］凡·高《播种者》（局部）

象与之相比才能看出的美，是比较的美。

有意思的是，哈奇生认为，科学定理也是美的，而且这种美是本真的美（图 35）。在他看来，科学定理的发明和揭示，一定会让人们感到狂热的欣喜。从根本上来说，这种欣喜的心理是一种感觉，这与对科学定理本身的纯粹认识并没有多大关系。当然，科学定理的发现，也遵循着在杂多纷乱中见出统一，这就意味着，虽然科学定理在数量上是一条，但它可以涵盖很多现实中的例子。

比较的美主要是指模仿性的艺术美。这种美是以蓝本（图 36）与摹本（图 37）的相似和符合为基础的，所以，逼真成为这种美的最大特点。但是，虽然要求逼真，却并不意味着比较美就是自然。摹本的美与蓝本的美，并不一定存在对等的相应关系。换句话说，蓝本本身没有的美，摹本的美可以拥有。蓝本虽然不完美，但不影响摹本的美。

不仅模仿性的艺术有比较美，自然中也有比较的美。哈奇生强调，自然中之所以有比较的美，全在于自然事物可以象征人的心情。由于人们存在一种奇怪的倾向，那就是喜欢相同或者相似的东西。因此，在某种场景或者境况下，人们喜欢用大自然中的某种事物来表现另外一种事物。这里，哈奇生已经开始涉及美学中的移情理论。除此之外，哈奇生还认为对于某些面貌、姿势、笑容、神态等，它们之所以被人们称为美，就是因为它们在人们心中唤起了一种普遍性的良好感受。

美到底在哪里呢

经验主义美学在英国得到了前所未有的发展与推广，这得益于培根、霍布斯等人的努力。在他们之后，英国又出现了一位经验主义哲学的集大成者——休谟，他将经验主义美学推向了极致。

在诸多经验主义美学家中，休谟是最喜好文艺的一个。休谟的美学著作主要有《人性论》《论趣味的标准》《论怀疑派》等。在这些作品里，他使用心理学的分析方法，主要探讨了美的本质和审美标准这两个问题。

美到底在哪里呢？休谟认为，美并不是对象的一种属性，它只是某种形状在人心理上产生的效果（图 38）。由于人的内心存在一种特殊的构造，使得人心可以灵敏地感受到美。

在《人性论》中，休谟进一步阐释了美的特征与本质。他说，美就是对象的各部分之间，一种稳定、和谐的秩序与结构。由于偶然的心情或者习俗，或者人性存在的固有因素，当人们看到这种稳定和谐的秩序与结构时，心灵上就会感到满足和快乐，这就是美的特征。在每一个观赏者心里，都有一种美。不同的人，遇到同样的事物，会感受到不同的美。一种事物，在这个人觉得是丑的，可能在那个人看来就是美的。

关于美的本质，休谟还专门探讨了心理构造与快感起源的关系。对于这一问题，他提出了两种说法：效用说和同情说。

与苏格拉底一样，休谟的效用说也是建立在美的相对性之上的。美对人

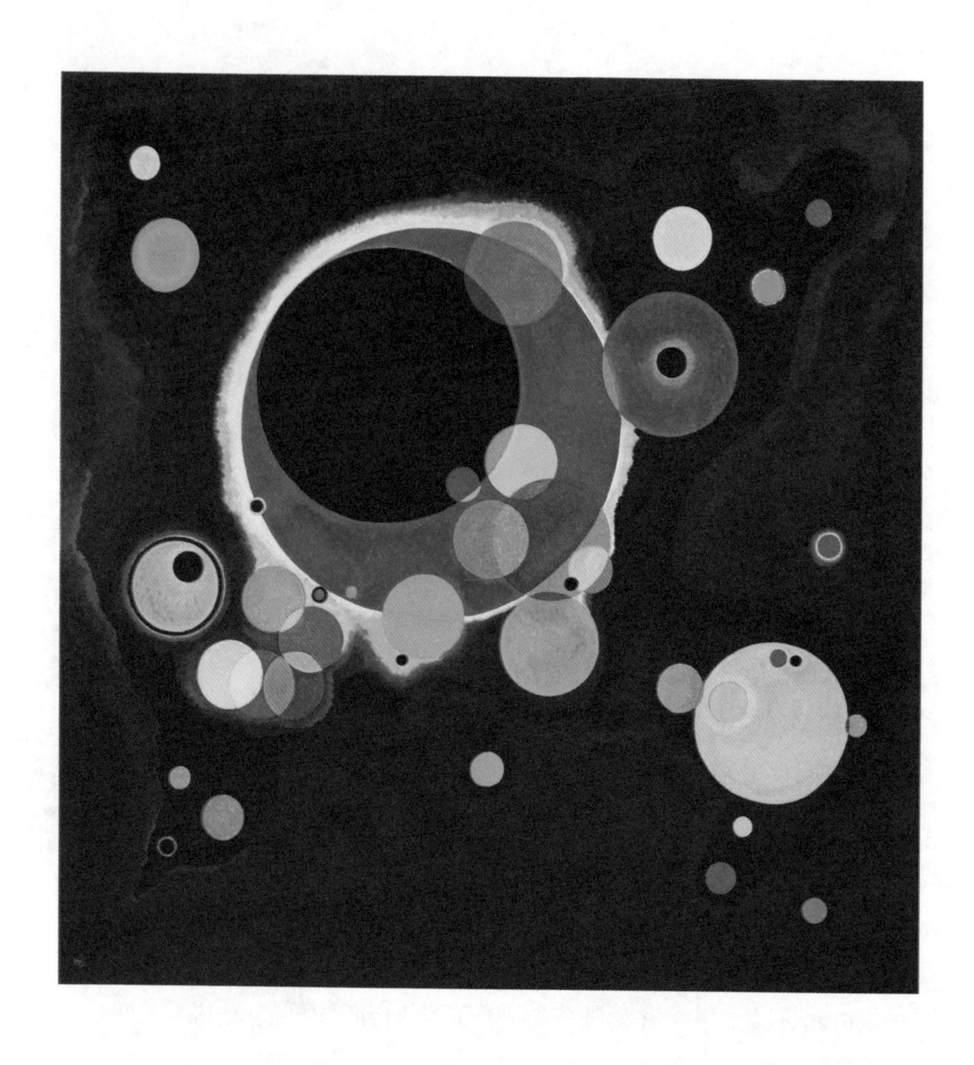

【图 38】 ［俄］康定斯基《圆之舞》

来说，肯定是有效的，而且仅仅只是对人而言的。但是，对于不同的人来说，美又随着他们不同的利益而显示出不同来。

在休谟看来，欣赏者看到事物或者对象产生快感，主要是他们的同情心起了作用。事物或者对象不一定非要有价值或者效用，只要它能唤起人的同情心，就是美的。

除了对美本质问题的研究，休谟还讨论了审美趣味的标准。

什么是审美趣味呢？一句话，就是人们欣赏和鉴别美的能力。在休谟看来，人的理智与审美趣味并不是人的先天观念，而属于人自身的一种功能。他说，当人们运用理智认识事物的时候，只是按照事物原来的样子认识，因此人们所获得的不多也不少。当人们运用审美趣味认识事物的时候，却具有创造的功能，即使用心情的色彩渲染所看到的事物。从某种意义上来说，所看到的事物已经不是原来的事物，算是一种新的创造。

事实上，休谟在这里区分了理性思维与形象思维。两者最大的不同在于主观情感的参与程度。理性思维几乎不夹杂任何主观情感，它对事物是如实反映的（图 39）；而形象思维饱含个人的情绪，它对事物的反映是一种新的创造。形象思维的新创造并不是无中生有，而是依据感性经验和情感需要，运用虚构的处理方式对实实在在的事物进行处理。

由此可见，审美趣味必然涉及形象思维，而形象思维大多受个人情感的驱使，所以审美趣味必然带有较高程度的个人主观性。既然审美趣味因人而异，是不是审美趣味没有统一的标准呢？在他看来，尽管审美趣味因人而异，但是终究有一个普适性的标准，在这一标准的衡量下，人与人之间的审美趣味显示出了一致性。对于那些否认存在审美趣味标准的主张，休谟指出，任何创作都是有规则可循的。创作的规则并不神秘，它来源于活生生的经验事实。任何时代，任何国家，都有一些令人喜爱的普遍性的东西，将这些东西收集归纳，就可成为一般性的规则。而这种一般性的规则，就是审美趣味的标准。

随之而来的一个问题是，怎么才能找出这个标准呢？休谟认为，由于在天赋和修养方面，人与人之间的差别很大，致使审美趣味的标准难以寻觅。

【图39】 [法]巴齐耶《夏日》

不过，幸运的是，少数出类拔萃的人物拥有这两方面的杰出才能，使得确定文艺标准的责任落在了他们肩上。休谟说，在美的领域里，有真知灼见，并能做到毫无偏见的，只有少数的几个人。如果这样的人可以找到的话，他们相互间达成的一致决断就是审美趣味和美的标准所在。

哲学家与经济学家的友谊

大卫·休谟和《国富论》的作者、被誉为“经济学之父”的亚当·斯密是非常要好的朋友。两人无论相隔多远，都会保持通信联络。亚当·斯密在初步完成巨著《国富论》时身体已经非常衰弱，他担心自己死后“一生的心血”无法出版，便请休谟做他的“遗稿管理人”。在《国富论》出版两个月后，亚当·斯密便去世了。根据遗嘱，万分悲痛的休谟成为亚当·斯密的遗稿管理者。

第六章

唤醒欧洲的推动力：启蒙主义美学

（17世纪—18世纪）

文艺复兴之后的启蒙运动是一场反封建和反教会的思想解放运动，是近代欧洲的第二次思想解放运动。它确立了理性主义和人道主义的思想基础。在文艺领域，启蒙思想家们开始对趋于保守的新古典主义进行有力的批判。伏尔泰和卢梭是启蒙运动的代表；狄德罗深入研究了美学和戏剧，提出了“美在关系”的观点；鲍姆嘉通第一次提出了“美学”这一概念，并确定了美和美学的含义。

【图 40】 卢梭

伏尔泰和卢梭为什么著名

弗朗索瓦－马利·阿鲁埃，其笔名“伏尔泰”更广为人知，他是法国启蒙运动的领袖之一。他学识渊博，不仅是诗人、剧作家，还是历史学家和哲学家，同时他也是自由思想和自由主义的倡导者。

1717 年，伏尔泰因创作诗歌讽刺巴黎上层社会的糜烂生活，而被抓捕投入巴士底狱长达 11 个月。在监狱里，伏尔泰完成了人生的第一部剧本《俄狄浦斯王》。在这部描写摄政王菲利普二世的作品中，他第一次使用笔名“伏尔泰”。出狱后，《俄狄浦斯王》在巴黎剧院上演，引起巨大轰动。伏尔泰一举成名，为此也赢得了“法兰西最优秀诗人”的美誉。

伏尔泰的文学主张和美学思想与 17 世纪的古典主义一脉相承，其风格主要体现在诗歌和悲剧创作上。在他的作品中，以哲理小说最有价值，在文艺史上开创了一种新题材——使用戏谑的笔调讲述荒谬的故事，借此讽喻现实，阐明人生哲理。

在文艺上，伏尔泰继承古典主义的传统，运用古典形式创作诗歌和悲剧。尽管此时他已经具有新时代的精神和历史发展的观点，但骨子里却仍旧是个古典主义的信徒。因此，在他的眼中，只有罗马奥古斯都时代和法国古典时期的艺术才算是真正的艺术。

与伏尔泰反对原始野蛮的状态不同，法国启蒙运动的另一位代表人卢梭（图 40）则认为近代人的出路在于回归自然，换句话说，就是要人们回归到

【图 41】 ［意］贝纳迪诺·达·阿索拉《爱的花园》

原始的野蛮状态。

卢梭出生于日内瓦的一个钟表匠家庭。早年颠沛流离的生活使得卢梭一直对近代文明社会抱有敌对和蔑视的态度。这种人生态度的存在，使他不断地幻想回到大自然的田园风光中去。不仅反感近代社会的政治制度，卢梭对近代的文化和艺术也持有消极的看法。在第一篇论文《论科学与艺术》里，卢梭曾经明确提出风俗和艺术相互败坏的观点，并指出科学与艺术发展的结果，对于人类来说没有多大益处。尽管卢梭以清醒锐利的眼光看清了近代西方文化和艺术的腐朽之处，但他没有提出近代文艺发展的方向和建议，只是盲目地号召人们禁止戏剧，认为这样可以有效地清除腐朽文艺的影响。可见，卢梭在文艺方面的主张是有局限性的。

虽然卢梭本人倾向于否定文艺，但是他的作品还是给近代欧洲的文艺带来一丝新意。他的作品《新爱洛伊丝》，将人与人之间的情感提高到前所未有的地位。

在这部富有浪漫主义情调的作品里，卢梭极度渲染了男女之间的爱情和痛苦。作品出版之后，在西方文艺界引起不小的轰动。启蒙运动时期的文艺评论家们认为，这部小说树立了解放人类情感的旗帜，并在文艺创作中首先使用浪漫主义的表现手法，描写了美丽的田园风光、淳朴的风俗民情（图41），以及自由浪漫的思想等，这些直接影响着后来的浪漫主义运动。

把伏尔泰和与他同时代的卢梭相比，这是一个令人感兴趣的话题。伏尔泰的整个世界观具有强烈的理性主义色彩，他比多愁善感的卢梭更多地站在启蒙运动的主流之中。如果说在18世纪，伏尔泰是两者中较有影响力的一位，那么对于今天的人们来说，卢梭恐怕是更富有创造性的一位。这是因为直到今天，他的小说和诗歌等文学作品仍旧受到人们的青睐。

【图 42】 狄德罗

美在于关系

与启蒙运动时期的其他法国思想家相比，对美学问题进行更系统思考的，无疑是狄德罗（图 42）了。这个乡村刀匠的儿子，曾经违背父亲的意愿，放弃神学，坚决从事哲学和文学的研究，成为启蒙运动最活跃的组织者和宣传者。与伏尔泰和卢梭相比，他虽然不及前者声望显赫，也不如后者影响深远，但是就思想的进步性和丰富性而言，狄德罗却是首屈一指的。

作为法国 18 世纪启蒙运动和百科全书派的领袖，狄德罗学识渊博，精通希腊文、意大利文和英文，几乎掌握了当时自然科学和社会科学的各种知识，被人们誉为自亚里士多德以来最具有综合精神的学者。

除编著《大百科全书》外，狄德罗还有小说、戏剧理论和艺术理论等方面的著作。在文艺方面，狄德罗涉及的领域极为宽泛，其中有两个方面是他关注的焦点：第一是美学，第二是戏剧。

在美学史上，关于美的本质有很多观点，比如，美在和谐，美在形式，以及美是完善等。关于这一问题，狄德罗却提出了“美在关系说”。

“美在于关系”这一命题的核心是“关系”。在狄德罗看来，关系首先是美最根本、最核心的品质。在被称为美的一切事物的品质中，到底哪一个品质让人们将事物称作美呢？他认为，只能是这样一种品质：只要它存在，一切事物就都是美的；如果它经常在，或者经常不在，事物就变得美多一些或者少一些；当它不在的时候，事物就不美；当它的性质改变的时候，事物美的种类也随之改变。一句话，美因为它而产生、增长、变化，乃至衰减、消失。这一品质所带来的效果，狄德罗认为只有“关系”可以概括。

既然美在于关系，而关系又是多种多样、变化不定的，那么就会形成不同的美，而且美也是不断变化的。据此，狄德罗提出了“关系美学”的理论。

狄德罗认为，凡是本身就含有某种因素，并且可以在人们心中唤起“关系”这个观念的性质，就叫作“外在于我的美”；凡是唤起“关系”这个观念的一切，就叫作“关系到我的美”。

在进一步做解释的时候，狄德罗又提出绝对美与相对美的概念。尽管这个世界上没有什么绝对的美，但是却有两种相对的美与人们息息相关，它们分别是实在的美和见到的美。凡是关系到人的美就总是相对的，这是因为这种美必然要经过人们的判断。在狄德罗看来，美在关系，这种关系大概有三种意义：一是对象与人之间的关系；二是这一事物与其他事物之间的关系，比如一棵树与其他树木，乃至整个大自然的关系；三是同一事物各组成部分之间的关系，比如事物自身的秩序以及比例等形式因素。狄德罗所说的“关系到我的美”，是指第一种关系。

从这里可以看出，狄德罗所说的关系，是从事物对人的意义角度上去看的。太阳、月亮和地球，它们在各自的轨道上运行，之所以是美好的，就在于它们与人类的生活有着密不可分的关系。

在文艺方面，狄德罗最为关心的是戏剧。启蒙运动时期，除有古典戏剧之外，另有一种新式剧种——感伤剧。感伤剧于十七八世纪之交在英国诞生。由于它情调略显悲伤，又夹杂道德宣教的意味，传到法国以后，被人们戏谑地称为“泪剧”。泪剧介于悲剧和喜剧之间，主要宣扬当下社会所需要的道德品质，因此又被称为“严肃剧”。

由于古典主义的势力顽强，在一般的评论家眼里，新剧种是不值得一提的，但狄德罗对其态度截然不同。他认为，新式剧种符合新时代的要求，能够反映当时社会阶层的呼声。不仅如此，狄德罗还认为，戏剧想要产生道德效果，应该从听众的情感入手，只要能够打动他们，戏剧就能让听众身临其境，并相信剧中的内容。

按照这些标准，狄德罗认为法国的古典戏剧不符合美的要求。因为它们矫揉造作，一点儿也不自然，也没法在情感上引起听众的共鸣。

此外，狄德罗还指出，传统剧种与新式剧种是不同的，主要体现在所侧重的内容。传统剧里，悲剧意在刻画具有个性的人物，喜剧主要表现某种类型的人物，而新式剧种强调的是人物与人物以及人物与环境的关系。以各种关系作为新式剧种的内容重点，狄德罗指出，要通过各种关系——家庭关系、职业关系和敌友关系等——塑造人物性格。

关于诗歌，狄德罗认为，诗人的主要问题在于，他必须通过语言这一媒介，表达一种复杂的心理状态。由于语言是理性的产物，适合于逻辑分析，因此诗人的语言面临一个障碍，那就是所要表达的观念必须一次一个语词地顺序排列。按照这种做法，如果观念复杂的话，就需要大量的语词罗列。幸运的是，诗歌可以通过安排韵律、倒置句式、采用比喻性的语言等手段，来克服这一障碍。狄德罗说，诗歌的语言不是将强有力的术语放在一起，而是通过巧妙的编排方式，展示一种具有无限发散意义的形象。在他看来，所有的诗歌都只是一种标记，背后的深远意义才是关键。

【图 43】 布封

风格就是人本身

法国启蒙运动时期，曾经有一个人，虽然是自然科学家，但文学成就堪比伏尔泰、卢梭与狄德罗等人；他在科学上从事博物学的研究，并成为生物学领域的先驱，直接影响了后来的达尔文；他在生理学方面也取得了骄人的成就，一位法国生理学家曾经这样评价道："古代所没有遇到过的东西，连同现代最前沿的东西，在他那里，都得到了通俗的展现，这一切都源于他那天才般的思想和文笔。"

他，就是法国启蒙时期的思想家布封（图 43）。他的代表性巨著《自然史》问世后，在欧洲学术界引起轰动。1753 年，他当选为法兰西学院院士，发表了题为《论风格》的演讲。

在这篇论文里，布封主要论述了有关文艺风格的三个方面，即文艺作品风格的客观基础、作品风格与艺术表现形式的关系，以及作品风格与创作主体的关系。

风格就是人本身，这是布封的一句名言，也是贯穿《论风格》一文的核心观点。在研究自然史的过程中，布封极为强调人的力量，歌颂人的智慧。在探讨文艺风格的时候，他将这种强调人的价值和力量的思想引用进来，明确指出作家的思想和智力对风格形成的决定作用。在他看来，文艺作品想要成为不朽的名作，并非在于其所包含的知识、事实或新的发现等，而是在于作家自身。

经典的文艺作品，其风格可以是作家人格的体现。但是，在布封看来，仅仅做到这一点，是远远不够的。文艺作品的风格，还得反映作家本人的思想、性格、气质、审美偏好和艺术才能等。一句话，作家思想感情的表现形式，要成为文艺作品的标志。文艺作品的风格应该体现作家的思想，同时作家也应该将自身的热烈情感灌注到每一个语词当中。

布封说，情感结合着光明，便可以让这份光明更加光明，于是在这样的条件下，作品的风格就引领读者进入一个更为明朗的境界。内心的情感和智慧的光明，两者一旦结合起来，就能书写最好的作品。他所说的光明是指，作家对客观事物或描绘对象的理性认识。作家运用情感和智慧，可以真切地接触和拥抱所描写的对象，在自己充分享受对象之后，就可以用自己的思想表达方式，将对象传递给他人，并让他们也切身地感受到这些。可见，只有作家将情感与理智结合起来，达到物我交融的境界，才能使文艺作品中的事物显出光彩，也才能引起读者的共鸣。而这样的文艺作品风格，正是布封所希望的理想风格。

布封说，文艺作品的风格笔调必须是从事物的内在与外在特征里抽离出来的，如果做不到这一点，就会妨碍主题宗旨的“恢宏畅达”。一个真正具有审美能力的作家，会随着写作对象的不同而相应地改变写法。那种从题材之外“生拉硬拽”的写法，应当坚决予以摒弃，这是因为一旦这样做，文艺作品的风格就会沦落到矫揉造作的境地。一部文艺作品，肯定要体现作家的创作个性，但是作品风格的形成，绝不是任由作家的主观意志对题材内容随意摆布。作家创作的时候，必定要涉及特定的创作对象，因而也一定受到创作对象自身特征的制约。只有作家的审美个性与创作题材性质相互契合，才能形成独特而又优美的风格。

在《论风格》中，布封主要从文艺作品的结构方面来说明表现形式对风格的作用。布封认为如果想要文艺作品的风格简洁，作者必须将自己的思想按照严密的逻辑，紧凑地串联起来。如果结构涣散，连接不紧凑，那么不管作者用词多么华丽考究，所形成的风格也会是松散的、懈怠的。

此外，为使作家的构思产生美好的作品风格，布封要求人们做好以下几个方面：第一，在构思之前，提前想清楚，所要付出的精神活动，也就是写作整部作品将会产生什么样的效果；第二，根据主题确定题材的范围和深度，以期从整体上合理布局；第三，作者的思想要有顺畅的主线，前后连贯，协调一致。做到这三个方面，基本上就可形成美好的作品风格。

博物学家布封与《自然史》

1739年，布封被任命为法国皇家植物园园长。布封上任后还建立了一个博物学的学术组织，吸引了国内外许多著名专家、学者，收集了大量的动物、植物、矿物样品和标本。此后，布封利用丰富的资源进行博物学的研究，四十年如一日，最终写出36卷巨著《自然史》。《自然史》的内容非常丰富，包括地球史、人类史、动物史、鸟类史和矿物史等几大部分，主张“生物的变异基于环境的影响”。这部书对后世的影响极为深远。

【图 44】 [法]朱利叶斯·勒布朗·斯图尔特《艺术家的工作室》

“美学之父”的重大贡献

亚历山大·戈特利布·鲍姆嘉通，18 世纪普鲁士哈列大学哲学教授，美学家，擅长文艺理论。1735 年，鲍姆嘉通发表了博士论文《关于诗的哲学沉思录》，第一次提出设立“美学”，并于 1750 年采用希腊术语“Aesthetica”为自己的论文命名。在现代英语中，“Aesthetica”一词的含义是“美的，美学的”。至此，美学作为一门近代人文科学正式诞生。

西方思想史上，在鲍姆嘉通之前，虽然已有很多哲学家或文艺家提出了不少关于美的观点和主张，但还没有一个人正式提出建立以美为专门研究对象的学科。鲍姆嘉通的提议，可以说具有开创性的意义。然而，他的这一想法，既不是凭空而来，也不是出于盲目的热情，而是建立在深思熟虑，尤其是对莱布尼茨和沃尔夫理性主义哲学深刻反思的基础上的。

在他之前，很多哲学家都将人类的心理活动分为知、情、意三个层次。在鲍姆嘉通看来，由这三个层次组成的感性认识领域，至今存在一个没有解决的问题。在哲学领域，理性认知的研究有逻辑学，人的意志的研究有伦理学，而对感性认识的研究，还没有形成一门比较系统规范的科学。因此，鲍姆嘉通提议，应当设立一门名叫“Aesthetica”的新科学，也就是现在所说的“美学”。

明确提出设立美学学科这一建议后，鲍姆嘉通首先界定了美和美学对象的含义。在《美学》第一章里，鲍姆嘉通认为，单从感性认识的不断完善来看，这一过程就是美学的对象，同时这也就是美。那么，与之对应的，感性认识的不完善，就是丑。逻辑学的任务是指导人们怎样使用正确的方式去思维。而美学的任务是，指导人们怎样使用美的方式去认识事物。

这里，鲍姆嘉通提出，美学是研究艺术和美的科学（图 44），尽管它最开始是作为一种认识论被人们提出来的。在他看来，完善是事物的一种属性，人们凭借理性认识可以认识事物，凭借感性认识也可以认识事物。

感性认识所认识的事物，可以是人的想象虚构，可以是对自身心理活动的某种观照，可以是对某个印象的回想，也可以是对外在事物的直接感觉。凭借感性认识，如果看到事物的完善，也就是看到了美；如果看到事物的不完善，也就是看到了丑。这种分辨美丑的感性认识，鲍姆嘉通称之为“感性的审辨力”，也就是通常所说的审美趣味或者鉴赏能力。

鲍姆嘉通认为，具体的事物与抽象的事物相比，前者在内容上的丰富性要远胜于后者。一个观念或者意象，所包含的内容越具体、越丰富，它自身就显得越明晰，因而也就越完善和美好。所以说，具体的事物比抽象的事物显得更为优美一些。而要使事物变得生动明晰，一个较好的办法就是使用具体的语言，而非抽象的语言。除此之外，使用情感充沛的形象，也是一种有效的途径。情感越炽热，就越明晰生动，而被情绪激发的观念或者形象也就越完善美好。

最早区分古典与浪漫的人

在美学理论中，文艺与现实生活的关系，是最令人头疼的一个问题。历史上，从亚里士多德、柏拉图开始，关于这个问题，美学家们就众说纷纭，始终没有一个定论。在比较知名的美学家中，能比较正确而又不失公允地解释说明这一问题的就要数歌德了。

歌德，德国文艺理论家和美学家，1749 年出生于法兰克福镇。从青年时代起，歌德对德国的民间文学、荷马史诗，以及莎士比亚的作品（图 45），怀有浓厚的兴趣。在美学思想方面，歌德受到狄德罗和莱辛的影响最大。与启蒙运动的美学家相比，歌德的美学思想拥有更多的辩证内容。

关于文艺与现实生活的关系，歌德认为，一切文艺作品都是来自于现实生活的。现实生活是文艺作品得以成形的基础，文艺作品是不能也没有办法脱离现实生活的。在与朋友艾克曼的一次谈话中，歌德鼓励朋友说，世界和生活的范围是极其广阔的，内容也是丰富多彩的，所以人们不会缺乏创作诗歌的动因。然而一旦写出来，诗歌又必须是应景即兴的诗。换句话说，现实生活既要为作诗提供机缘，又要为作诗提供材料。一个具体的情景，通过诗人的处理，就可以成为具有普遍性和诗性的东西。来自现实生活，扎根于现实生活，这就是应景即兴的诗歌。而对于那些没有现实基础的诗歌，歌德的态度是消极否定的。歌德还告诉朋友，千万不要以为现实生活缺乏诗意，这是错误的想法。诗人的工作在于，以他自身的智慧，从司空见惯的平凡事物

【图45】《麦克白》经典场景——麦克白杀兄夺位

中发掘出不为人所知的一面。

不过，文艺仅仅做到遵循自然、研究自然，以及模仿自然，是远远不够的。在歌德看来，文艺还应该超越自然，创造出“第二自然”。他说，对于自然而言，艺术家有着双重的身份：他既是主宰，又是奴隶。说他是自然的主宰，这是因为他能让人世间的一切事物服从于他创作的需要，并且为他的需要服务；说他是自然的奴隶，这是因为他创作时所选取的事物，必须是大自然中的材料，不然别人是没有办法理解的。这就从主观与客观上辩证地论述了现实生活与文艺的关系。

在美学理论中，关于创作方法这一概念，歌德是第一个明确提出来的人。文艺理论中，古典主义、现实主义和浪漫主义的概念，他也是最早使用的人之一。歌德指出，坚持从客观世界出发的创作，才是最为可取的创作方法。然而，另外一位文艺家席勒认为，完全采用主观的方法进行创作，才是正确的创作。席勒指出，歌德的创作方法并不是他本人所倡导的那样，而是另外的一种方法——浪漫主义。以歌德的《伊菲吉妮娅》为例，席勒认为，歌德的作品充满了感伤的意味，既不是古典的，也不符合古代的精神，而是浪漫主义的手法。

然而，歌德并不认可席勒的说法，他坚持认为自己的创作所使用的方法是古典主义，也就是现实主义。事实上，歌德极力反对软弱的、感伤的、病态的浪漫主义。在《说不尽的莎士比亚》一文中，歌德将古典的与浪漫的创作方法进行了比较。为了清晰地区分两者的不同，他还特意列了一张表，如下：

古典的：纯朴的，现实的，英雄的，异教的，必然性，职责

浪漫的：感伤的，理想的，浪漫的，基督教的，自由性，希望

在歌德看来，古典的就是健康的，浪漫的就是病态的。近代的很多文艺作品，在歌德看来是浪漫主义的，并不是因为它们是最新诞生的，而是因为它们是感伤的、病态的、软弱的。古代的很多文艺作品，在歌德看来是古典的，也并不是因为它们是古老的，而是因为它们是积极向上的、健康的、欢快的、新奇的。例如莎士比亚的作品，虽然也有梦魇、仙女、精灵、鬼魂等虚幻的成分，但是它们在作品中所占的比例不是很大。在歌德看来，莎士比亚的作品是建立在真实的生活基础之上的，所以作品中所描绘的事物，显得极为单纯和真实。鉴于此，歌德认为，莎士比亚的作品属于古典的，而不是浪漫的。

第七章

超级大流派：德国古典美学

（18世纪末—19世纪初）

18世纪末到19世纪初，美学在德国得到集大成式的发展，从康德、席勒到黑格尔，形成了一个强大的唯心主义美学流派，美学史上一般称之为德国古典美学。就整个思想体系而言，康德研究的是人的主观意识，而不是客观世界。席勒提出“美育”的概念，对审美教育问题做了系统的理论阐述，还将诗歌分为“朴素的诗”和“感伤的诗”两类，讨论了诗人与自然的关系，可谓引领那个时代的美学思潮。“美是理念的感性显现。”这是黑格尔对美下的定义，也是黑格尔美学思想中的基本观点。

[illegible]

I Kant

[illegible]

【图 46】 康德及其手稿

康德和他的“崇高论”

两百多年前的时候，在东普鲁士柯尼斯堡的一条小路上，每天下午三点半，总会有一个不到五英尺高的人准时出现。他的生活非常有规律，每天总是在相同的时间，做着同样的事情。只有一次，下午三点半的时候，镇上的人们没有看到他出来散步。事实上，那一次，他正沉浸在阅读卢梭的《爱弥儿》的喜悦之中，以至于忘记了出门散步的时间。这个行为刻板得像机器一样的人，就是康德（图 46）。

伊曼努尔·康德，1724 年出生在东普鲁士的首府柯尼斯堡，是著名哲学家，德国古典哲学创始人，启蒙运动时期最重要的思想家之一，其学说深深影响近代西方哲学，并开启了德国唯心主义和康德主义等诸多流派。就美学领域而言，康德主要讨论了一个问题，那就是，真、善、美三者之间的关系。而他的结论是：美是道德的象征，是真与善的中介。

从中世纪到文艺复兴，人们的审美趣味不断发生改变。最初，人们对小巧精致的东西情有独钟。但是，随着浪漫主义运动的到来，人们对小东西丧失了兴趣，转而喜好高大奇特，甚至带有粗狂意味的崇高事物。很快，这种新兴的审美趣味也传到了德国，身居德国的康德也受到了影响。

在康德之前，关于崇高与美的关系，已经有很多文艺理论家探讨过，但都只是些零星的言论，不成系统，也不深入。到了康德，对崇高问题的探究，比以往任何美学思想家都要深远。

【图 47】 [法] 席里柯《轻骑兵军官的冲锋》

美的分析与崇高的分析，是康德审美判断理论的两个方面。在美的分析中，康德主要探讨了纯粹美，并认为美只涉及对象的形式，而不涉及它的内容意义、功效目的。但在崇高的分析中，康德一改他在美的分析中的论调，认为崇高对象是没有形式的，并且强调崇高感的理性基础。这里，康德思想出现了前后不一致的地方，但这是可以理解的。因为写作《判断力批判》的时候，他的思想是不断发展变化的。

虽然崇高与美在某些地方存在相同之处，但是在康德这里，却更强调二者的不同之处。康德说，美与崇高，首先在所产生的愉悦感的种类上是不同的。美是直接地引起快感，与维系生命的感觉是一致的。而崇高是间接地引起快感，先是阻碍生命力，接着激发更为强烈的生命力。其次，美所产生的愉悦是积极的快感，人的心灵直接单纯地受到对象的吸引；而崇高感所产生的愉悦是消极的快感，人的心灵遭遇到的不是对象的吸引而是排斥。

然而，这几点在康德看来，并不是美与崇高最为重要的区别。他认为，最重要的区别在于，美主要涉及对象的形式（图 47），而崇高则存在于人的心灵之中。美之所以在对象的形式，是因为这种形式与人的想象力和理解力相互契合一致，因而产生快感。而崇高的对象在形式上，与人的想象力和理解力是背道而驰的，甚至压制着人的想象力。所以，崇高对象的快感并不是从它的形式而来的。因此，康德主张，真正的崇高涉及的不是对象的形式，而是与人的心灵不符合的形象之外的一种理性观念。

分析了美与崇高的区别后，康德又提出了崇高的分类。在他看来，崇高主要有两种：一种是力量上的，一种是数量上的。

关于力量上的崇高，康德将其局限于大自然中的事物，认为这样的事物对人一方面要有巨大的威力，另一方面这种威力又不能使人屈服。巨大的威力，可以让这样的事物成为一种令人恐惧的对象。但是，人们见到它，不是逃避，而是感到欣喜。

关于数量上的崇高，康德认为主要涉及的是事物的体积（图 48）。对于体积，人的感觉器官所能容纳的范围是有限的。这是因为，在大的事物之上，还有更大的，一直到无穷大。因此，人的感觉器官和想象力在感知大体积的

【图 48】 ［美］杰西裴·弗朗西斯·克罗普赛《巨石阵》（局部）

事物的时候，始终存在着一个界限。

对崇高事物的丈量，人们不能凭借外在的单位尺度或者概念进行。在康德看来，外在的单位尺度和概念，只是数学式或者逻辑式的掌握事物的方式。对于崇高事物本身的评估，只能从主观的审美方式出发，采用无限的标准。一般而言，人们在进行这种评估的时候，会产生两种矛盾的心理。一方面，面对事物，人们想要凭借理性掌握事物的整体；另一方面，崇高的事物，由于其巨大的体积，总是超越人的想象力所能达到的极限。当想象力无法满足理性的要求，遭遇重大挫折时，人心中原有的超感性功能的感觉便被唤醒了。这种超感性功能的感觉被康德称为理性观念。至于理性观念究竟是什么，康德一直没有给出明确的答复。在他看来，理性观念只是把事物作为一个整体来对待的能力，它可以超越人的一切感官功能。不过，理性观念是没有具体内容的，因而只是一种抽象的感觉。当人们的感觉器官没有办法见出崇高事物的整体时，理性观念就被唤醒，帮助人们见出崇高事物的无限大，看到崇高事物的整体。

安贫乐道的康德

和许多伟大科学家与艺术家一样，康德一生都不富有，而在金钱的问题上却留下了很多有趣的故事。这位有巨大贡献的哲学家经常声称，他最大的优点是不欠任何人一分钱。他曾说：“当有人敲我的门时，我永远可以怀着平静愉快的心情说‘请进’。因为我肯定，门外站着的不是我的债主。”

【图 49】 阿基米德用浮力定律测定皇冠的纯度

什么样的人算天才

关于天才，康德有一句经典的话："美的艺术必然是要看作出自天才的艺术。"在《判断力批判》的后半部分，康德主要讨论了天才和艺术创作的关系。

首先，康德给天才下了一个定义。他说，天才是给艺术制定出规律的一种天然禀赋。这种具有创造功能的禀赋，并非人人都有，而只在艺术家身上体现。天才制定艺术规则的时候，并不是简单地给出一个固定的公式，随处套用，而是要从作品中抽离出一种才能，让其他人可从中借鉴或者追随。当然，对于作品中蕴含的精神实质，如果要心领神会，也是需要才能的。所以，借鉴或者追随者自己必须是天才，才可以向天才学习。天才的作品，可以作为范本，但它的意义不在于让人模仿，而在于引领他人前行。

天才的作品是不可模仿的，康德根据这一主张区分了艺术和科学。在他看来，科学可以通过模仿进行学习，而艺术却不能。所以，天才在科学领域是不多见的，但在艺术领域却随处可见。因为前者可以将自己的科学发明（图 49）或者公式传授给他人，并不断延续下去；而后者却没有办法教会身边的人写出像他那样的伟大诗篇。理由很简单，诗人或者艺术家并不知晓自己的心思或想象是怎样萌生并汇聚起来的。据此，康德得出一个结论，认为在科学领域内，最伟大的发明者和最勤奋的模仿者之间，只是程度上的差别而已；而在艺术领域内，这两者的区别却是种类性质上的差异。

在此基础上，康德将天才的特征总结为四点。第一，天才只限于美的艺

【图 50】 ［西班牙］毕加索《梦》

术领域，而且仅限于美的艺术而不是其他艺术；第二，天才才能的展现，是纯粹的自然流露，他不能科学地指出自己是怎样创作作品的；第三，天才的作品具有典范性，可以成为评判其他作品的标准；第四，天才的作品是独一无二的，具有极高的创造性，而且不是依靠模仿而来的。

以上是康德有关天才特征的第一次描述。后来，在提出“审美意象”后，康德又重新提出天才四个方面的特征。

第一，想象力与理解力之间的自由协调，如果想要显示出无目的的符合性，必须是在这一前提之下，这是由主体的自然本性造成的，而不是服从规律造成的。第二，天才要能给审美意象找到合宜的表达方式或语言，换句话说，天才既要让想象力自由发挥，又要让所表现的意象符合自身的主旨（图50）。第三，天才需要具备高超的理解力，对作品所要传达的东西，有着清晰明确的认识。第四，天才不是科学的才能，是艺术的才能。

很明显，后来提出来的特征与先前提出来的既有相同之处，又有不同之处。相同之处表现在，原先提出来的限于艺术领域、自然性、典范性和独创性，在后来提出的里面也有。不同的地方在于，后来提出的又多了两个新特点。其中一个特点是，强调天才是将审美意象描绘或者表达出来；另一个特点是，突出天才想象力和理解力的自由协调。这里，新增的第一个特点特别值得关注。康德的意思是，对天才来说，审美意象的表达比审美意象的形成更为重要。

此外，天才与欣赏者也有本质的不同。天才创作艺术品的时候，凭借的是自身的才能；欣赏者欣赏艺术品的时候，凭借的是审美趣味。在康德看来，天才与审美趣味有联系，也有明显区别。为了评判美的对象，所需要的是审美趣味，但为了创造艺术本身，所需要的就是天才了。

【图51】 法国大革命期间，路易十六被雅各宾派推上断头台

“审美教育”的萌芽

席勒，德国诗人、剧作家，1759 年出生于内卡河畔的马尔巴赫。1781 年，席勒写作完成《阴谋与爱情》，这成为他青年时代最成功的一部剧作。除了戏剧，席勒还擅长写诗，因感于友情的温暖而写作《欢乐颂》，后被德国音乐家贝多芬谱曲，流传至今。

1791 年，席勒开始研究康德哲学，之后写了一系列有关美学和文艺理论的著作，其中《审美教育书简》是其美学思想最系统和最集中的体现。

在书中，席勒首次提出了“美育”的概念，并对审美教育问题做了系统的理论阐述，提出了“让美走在自由之前”、审美自由是政治自由的基础等思想。

审美教育思想的提出是有现实基础的。当时法国爆发了资产阶级大革命，德国受到影响，人们也纷纷要求改革封建制度，实现民族独立统一，保障人民自由。但是后来人们发现，法国大革命中的雅各宾派等仍然实行暴力专政（图 51），这使得人们对政治革命失去了信心，甚至转为仇视。当时的资本主义社会是十分病态的，无论在政治上还是精神上，人们没有自由。一些革命者似乎是摆脱了绳索，获得了自由，但他们无法控制自己的狂怒，残暴地满足自己的私欲。而一些“上层阶级”懒散腐化，令人生厌。面对这种社会现实，席勒、歌德等思想家只能无可奈何地在幻想的乌托邦里寻找安身立命之所。

他们渴望自由，但是这里的“自由”并不是革命者所理解和获得的自由，

【图 52】 ［法］埃德加·德加《舞蹈教室》（局部）

而是精神层面的自由。由此席勒认为，获得自由的方式不是经济政治上的革命，而是一个人精神上的教育和修养。当社会中每个人的精神修养提高了，经济政治的改革才会拥有充分的条件，从而变得顺利。

人们如何才能实现自由呢？席勒说“让美走在自由之前”，人们通过美才能达到自由。这是审美教育中最基本的观点。通过审美教育才能解决现实的社会问题，才能实现经济政治的自由。席勒认为，人摆脱动物性，在现实世界中最先获得自由是通过审美，这是人性的真正实现。

美与艺术紧密联系。席勒认为审美教育所凭借的手段就是艺术，审美教育就是艺术教育。艺术是一种“审美的外观”或“活的形象”，这是一种不受任何束缚的完全自由的形式。在它们的创造和欣赏过程中，都包含着作者和欣赏者的感性情感与理性思考。

从人的角度分析，人具有感性和理性两个对立的因素，这对立的两面互相依存，成为完整的统一体。人既有自然情感方面的要求，也就是“感性冲动”，也有使人的行为和世界中的万千现象符合法则、和谐统一的要求，这是“理性冲动”。只有感性和理性都没有受到束缚，人们才能获得自由。

面对人的感性冲动和理性冲动，席勒指出，监视这两种冲动、确定它们的界限，是文化教养的任务。文化教养使人的感性和理性充分发展并达到适度统一。因为如果以一种强力作为教育手段，强制人们去进行某种行为，就会压抑、束缚人的感性力量，而以法则为教育手段，约束人们的行为，就会压抑、束缚人的理性意志。这两种教育都没有完全使人心甘情愿地在自己的感性和理性的支配下去活动。而艺术的教育、审美的教育，才能使人的感性和理性都完全自由。

由此可见，艺术是使人达到感性与理性和谐统一、获得自由的方法，而人只有获得了精神上的真正自由，诸多的社会问题才能得以解决。因此，审美教育（图 52）是建设自由、平等的美好社会的途径。但这是一个长期的过程，对于如何实现、何时实现这样的社会，席勒自己也感到很渺茫，他认为或许只有在少数优秀人物的圈子中才能实现。但是，即使这样，审美教育无论是在人性的完善还是社会和谐方面，都能起到潜移默化的深远的作用，值得人们重视。

【图 53】 席勒雕像

朴素的诗与感伤的诗

《论朴素的诗与感伤的诗》是席勒（图 53）最重要的文艺理论著作之一，在这部作品里，席勒将诗歌分为两种，一种是朴素的诗歌，一种是感伤的诗歌。所谓朴素的诗歌，就是模仿自然的诗歌。这时候，诗人与自然之间是一种原始和谐的关系。所谓感伤的诗歌，就是抒发情怀的诗歌。这时候，诗人与自然之间的距离十分遥远，于是，在作品中诗人想方设法地寻找自然，同时流露出对自然的留恋和感伤。席勒认为，感伤诗歌里所描写的自然象征着人们早已失去的童年。由于童年很美好，所以当失去它之后，人们心中自然而然地产生忧伤。

那么，席勒为什么将诗歌分成朴素的与感伤的两种呢？这主要依据人与自然的不同关系。席勒认为，诗人与自然的对立，是感伤诗歌的起源；而诗人与自然的和谐一致，是朴素诗歌的起源。诗人，要么本身就是自然，要么苦苦寻找自然。前一种使他成为朴素的诗人，后一种则使他成为感伤的诗人。

在席勒看来，朴素的诗歌与感伤的诗歌的不同，本质是感性成分与理性成分在人身上的对立。这样，席勒第一次将文学的问题与伦理学的问题联系在一起。

除了人性上的根源，朴素诗歌与感伤诗歌的对立，还表现在处理艺术与现实的关系时，两者遵循不同的原则。在席勒看来，朴素的诗人创作的时候，只能模仿现实，因为他自身除了朴素的自然和情感，没有其他可以利用的题

【图 54】 ［西班牙］毕加索《颓废诗人萨巴蒂埃》

材。因此，他与诗歌之间，只是一种单一的对象关系。与此不同的是，感伤的诗人创作的时候，可以反思事物在他身上所留下的印记。他心灵中的不同观念和情感，在反思的基础上不断涌现。这些使得他创作诗歌的时候，有很大的选择余地。从这里可以看出，朴素的诗歌仅仅以现实的模仿为原则，而感伤的诗歌则是以主观的反思为原则。更进一步地说，朴素的诗歌所描写的对象与现实的对象基本上相符；而感伤的诗歌，由于诗人要对现实的对象进行反思，并加工改造，因此诗歌所描写的对象和现实的对象是不一致的。

尽管朴素的诗歌与感伤的诗歌都是文艺作品，在通过“有限表现无限”的目标上是相同的，但两者实现目的的方式却是截然不同的。在席勒看来，朴素的诗歌里总有感性的具体的对象。朴素诗人（图 54）通过艺术的提炼与加工，使得所描写的对象具有相当的艺术概括性，从而体现个别蕴含无限的内容。可以说，朴素诗人采取的是一种个性化的方式。与之不同，感伤的诗歌脱离具体的感性的对象，直接表现主观的思想观念。这种思想观念在感伤诗人那里，具有无限性的含义，成为对无限理性的绝对化描述。可以说，感伤诗人所采取的是一种理想化的方式。

由于朴素的诗歌与感伤的诗歌是如此不同，所以席勒对它们的态度也是截然不同的。在《论朴素的诗与感伤的诗》里，席勒鲜明地肯定了朴素的诗歌，而对感伤的诗歌给予了否定。在他看来，朴素的诗歌是健康的，而感伤的诗歌则是病态的。更为重要的是，他着重强调自然或者现实因素在艺术创作中发挥着不可小觑的作用。他认为，自然或者现实是点燃诗歌精神的唯一火焰。只有在自然中，诗歌才能获取它自身所需要的全部力量。在追求真理的路上，诗歌的精神也只能与自然对话。人类文明发展到现在，自然仍旧能激发诗歌的精神。

当然，作为一名有远见的思想家，席勒对感伤的诗歌并不是一味地排斥和贬低。在他看来，与朴素的诗歌相比，感伤的诗歌是有自身的优点的。这主要体现在崇高性的表现上，感伤的诗歌比朴素的诗歌更胜一筹。其中的缘由在席勒看来主要是，感伤的诗人以理想为作品的题材，而与自然或现实相比，理想不受任何约束，也更无穷无限。如此一来，感伤的诗人就能轻易地造就一种崇高感。更为可贵的是，即使面对不满的现实，感伤诗人依然可以通过将现实理想化来使现实具有崇高性。

席勒的童年

席勒出生于德国内卡河畔的马尔巴赫，父亲是一位军医。童年时代席勒便对诗歌、戏剧产生了浓厚的兴趣。1768年入拉丁语学校学习，1773年遵照符腾堡公爵的命令，进入军事学校，接受严格的军事教育，并研究法律学。这所军事学校被诗人舒巴特称为“奴隶养成所”，就在这样一个与外界完全隔绝的地方，席勒度过了他的少年时期。

然而这与世隔绝的地方反而给予了席勒得天独厚的成长条件，他阅读了大量的文化著作，尤其是莎士比亚和卢梭的作品，深受外界思想的感染。从1776年开始，席勒就在杂志上发表一些抒情诗。学校的教育也激发了席勒写剧本的兴趣，为他未来的创作打下了基础。席勒于1777年开始偷偷地创作剧本《强盗》，开始了他的创作生涯。

美是什么

黑格尔（图 55），德国著名哲学家和美学家，近代客观唯心主义哲学的代表，生于德国斯图加特城。黑格尔是德国古典哲学的集大成者，深受卢梭思想的影响，对革命持肯定态度，也对《拿破仑法典》的颁布表示欢迎。但是他的思想又具有保守的一面，这突出表现在他的“存在即合理”这一命题中。他认为，凡是合乎理性的东西都是现实的，凡是现实的东西也都是合乎理性的；事物在此时是存在的，就有其存在的必然性和合理性。但是随着社会生活的发展，以前存在的东西可能就变得不存在了，这是因为随着其他事物的发展，它丧失了自己存在的合理性与必然性，而一种新的、与其他事物的发展相和谐的、具有生命力的事物就代替了旧事物从而合理地存在。这一具有发展观的、充满辩证色彩的命题，体现了黑格尔哲学思想的特点与进步性。

黑格尔的美学思想是他庞大的哲学思想体系的组成部分。黑格尔的哲学思想是客观唯心主义的，他认为世界中最绝对最完美的东西是“理念”，理念主宰一切。黑格尔美学思想中的基本观点就是“美是理念的感性显现”。美是理念的显现，人们可以通过美来认识理念，这是他关于美的最基本的认识。当然，黑格尔哲学思想的重要特点除了唯心主义，还充满了辩证法色彩。他的“理念”是按照辩证法的规律而不断发展自己的。同样，黑格尔也将辩证法运用到美学研究中，这是他美学思想的最重要的特点，也是最主要的成就。

美就是理念的感性显现，这是黑格尔在其《美学》一书中关于美是什么

【图 55】 黑格尔

这一问题的明确回答。

黑格尔曾说，“美学”的正确名称应该是“艺术哲学”，是“美的艺术的哲学”。美包括自然界中的自然美（图 56）和社会生活中的艺术美（图 57），黑格尔认为自然美是不完善的，艺术美才是真正的美。

在分析艺术美时，黑格尔首先论述了艺术美在人的现实生活中所占的地位。他将包含着方方面面的复杂的社会生活分为不同的层次。首先是人们赖以生存的物质层面，他认为商业、航海业和工业之类的规模巨大、组织繁复的经济网是第一层次；然后是使生活更为有效、和谐的意识层面，例如权力、法律、家庭生活和庞大的国家机构，这是第二层次；接着是人的精神层面，例如宗教、艺术等；最后是包罗万象的科学活动和知识系统。了解了这一点，就能更好地把握艺术美的起源、本质以及特点等问题。

为什么会采用艺术这种具体的、感性的形式来表现理念？是什么需要使得人去创造艺术作品？黑格尔认为，艺术是人的普遍需要，人能思考、有意识、能实践，并且在实践的过程中认识自己、改变自己、认识世界、改变世界。艺术表现的需要是人的理性的需要。人们有自己的思想和实践能力，在艺术品的创造过程中，自己的情感、思想和创造性在艺术品中得以表现。另外，人还有认识能力，作为欣赏者，在观赏艺术作品的过程中，人的这种认识能力也得以实现和肯定。可见，人的理性使人去欣赏和创造艺术美。

艺术表现理念，是通过具体可感的形象来表现的，是理念与形象的协调统一。美想要感性地显现出理念，必须要借助于形象。这种感性“显现”并不单指“存在”，而是“现外形”与“放光辉”的统一。理念通过具体的、感性的、个别的形象来显现自己，形成艺术。从形式与内容关系的角度看，理念就是艺术的内容，而具体感性的外在形象就是艺术的形式。因此“美是理念的感性显现”就包含着理性与感性的统一，内容与形式的统一。

值得注意的一点是，黑格尔的美学观点是唯心主义的，他将美看作理念的派生物，割裂了美与客观现实的关系。但是，黑格尔的这一观点，在当时又是具有绝对进步性的。在西方美学史上，关于美的思考，一直存在着理性派与经验派的明显分歧。理性派认为美的基础是抽象的理性，而经验派则认为美存在于感性形象上。黑格尔以辩证的观点，将理性与感性统一起来，这在美学史上是一个巨大的进步，在艺术创作上也具有积极意义。

【图 56】 ［法］库尔贝《雷雨后的峭壁》

【图57】　［荷］老勃鲁盖尔《收割》

被轻视的自然美

黑格尔在讨论美、对美进行定义时特别说明了美是艺术美，认为美学的这一名称应该改作“艺术哲学”。这一点受到了资产阶级美学家们的批评，认为他忽视了自然美。其实黑格尔并没有忽视自然美，他曾专门讲过自然美。但是黑格尔轻视自然美，这也是事实。他曾明确说过“艺术美高于自然美”，这里的“高”是一种质的分别。

“自然”在黑格尔那里，并不单单指与社会相对立的大自然，在他的著作中，“感性因素”“外在实在”“外在方面”等都是指“自然”。深入理解就会发现，黑格尔的“自然”是与人的理性相对的，这一点十分深刻。

黑格尔将美定义为“理念的感性显现”。在这一定义中，既强调了“感性显现”，也表现出了“理念”这一基础和中心。美是表现“理念”的，而自然美中并不包含理念，所以黑格尔轻视自然美也就可以理解了。他认为美是显现理念的，理念是一种绝对精神，因此，美也是无限的、自由的。而自然仅仅是一种外在的东西，是有限的。

黑格尔强调自然与艺术的区别，其实是在强调一种理性意识。在他看来，自然界中的事物的级别是逐渐上升的。最低的是矿物界的无机物，然后是包含植物和动物的有机物，有机物中也是从植物到动物再到人这样逐步上升的（图 58）。这其中有一个十分关键的因素，就是精神。

黑格尔所谓的精神，指的是灌注在事物各个部分中的一种生气，一种使

【图 58】　生物进化历程

各个部分紧密联系起来成为一个统一体的作用。这在一堆乱石和一匹马的区别中可以体会出来。一堆石头杂乱地堆积在一起，石头之间毫无联系，添上几块或者拿去几块都不会对石堆产生影响。而一匹马则不同，马是由头部、四肢等各个部分组成的，但是它们之间并不是简单地杂乱无章地堆积在一起，而是经过了一定的排列组合，形成互相分离但又紧密联系的整体。乱石与马之间的区别就在于是否有这种灌注于事物中、使事物成为一个统一体的“生气”。这种生气也可以看作一种精神和生命。

黑格尔轻视自然美，但并不是否定自然美。他认为自然界也有不同程度的美，只不过这种美是不完善的。从无机界到有机界，从低级到高级，美的程度也越来越高。而且正是由于自然美的不完善，存在缺陷，艺术美才变得

【图59】 ［英］透纳《柯比朗斯代尔墓地》

更有必要。黑格尔重视艺术美、轻视自然美的观念，是有时代和思想原因的。当时，崇拜自然的浪漫主义兴起，但是黑格尔的艺术理想是以人本主义为基本精神的希腊古典艺术。黑格尔几乎将人看作艺术的唯一对象，艺术也可以表现自然美，但是这是因为自然中表现了人的活动和人的性格（图 59）。

黑格尔的这种人本主义的美学思想对艺术创作也是有指导意义的。他反对不经过理性思考和加工就完全按照“自然”的方法去创作，他认为艺术并不是毫无选择、原封不动地将日常生活搬上舞台，如果是这样，那现实中的真实生活比戏剧里所看到的要更加真实。因此，艺术是“从一大堆个别的偶然的东西之中拣回来的现实”。它将事物中带有普遍性的本质的东西提炼并表现出来，将无关紧要的东西清理出去，这样表现在艺术中的人物和事件就具有了代表性和典型性。

【图 60】 ［法］罗丹《思想者》

黑格尔的“悲剧观”

自古以来艺术包含不同的形式，黑格尔曾对它们进行过分类。根据审美主体不同的认识方式，他将艺术分为造型艺术、声音艺术和语言艺术三种。其中造型艺术包括建筑、雕刻（图60）、绘画等，声音艺术指音乐，语言艺术指的是诗。诗是黑格尔研究各门艺术的中心，他关于诗的论述占据了《美学》近四分之一的篇幅。除了诗，悲剧也在黑格尔艺术体系中占有十分重要的位置。他认为诗在各类艺术中处于最高层，戏剧体诗又处于诗的最高层，而悲剧又是戏剧体诗的最高形式，因此，悲剧位于黑格尔艺术体系的最高地位。

艺术美是理念的感性显现，诗作为艺术的一类，其本质与一般的艺术美和艺术作品的概念是大体一致的。但是它的掌握方式与其他类型的艺术不同。诗的创作是一种创造性的想象，通过想象将理性的意蕴转化为感性具体的形象。在这个创造过程中，需要创造者具有对生活和形象的敏感，这样，丰富多彩的世间万物才能被捕捉和感受。另外，创造者还应该具有良好的记忆力，使感受到的事物能被记住并表现在艺术作品中。除此之外，在将理性意蕴转化为感性形象这一想象过程中，还需要清醒的理解力和充沛的情感。因为对诗的掌握，是要在具体的、个别的、感性的现象中寻找出一般的、规律性的内容。

除了对诗的本质进行研究，黑格尔还对诗进行了分类。他曾对各门艺术根据不同的标准进行了大致的分类。除了根据审美主体不同的认识方式，将艺术分为造型艺术、声音艺术和语言艺术三种，还认为建筑是外在的艺术，雕刻是客观的艺术，绘画、音乐与诗则是主体的艺术。

诗歌通过语言以艺术的方式展现人类的事件和情感，它既可以像造型艺术那样，按照事物的本来面貌客观地描述，也可以像音乐那样，运用主观抒情的方式，给人以灵魂上的享受，当然它还可以将客观表现与主观抒发统一起来。据此，黑格尔将诗分为史诗、抒情诗和戏剧诗三类。

史诗是叙述英雄传说或重大历史事件的叙事长诗，在希腊语里原本就是“故事”，是指“传奇故事”或“圣经”。史诗主要有两个特征，一是作者要客观地、实事求是地反映和描述现实，描述一个按照自身必然规律而发展的世界。二是史诗所记述的事件是一个对民族、时代和世界有深远意义的事件，事件表现的是一种民族精神，史诗中的主人公往往是英雄人物。

抒情诗不同于史诗，史诗强调的是客观性，而抒情诗的基本特点是主观抒情性。作者将自己的各种情感、思想等抒写出来，凝集在抒情诗中，成为可以保存的艺术作品。它既反映作者自己的情感，又能够在一定程度上反映出带有普遍性意义的情感。抒情诗由于抒情的特点，一般都富于变化，具有强烈的音乐性。

戏剧诗在黑格尔看来，处于诗和一般艺术的最高层。史诗倾向于客观性的描写，抒情诗倾向于主观性的表达，而戏剧诗则兼顾两者，其基本特点是客观性原则和主观性原则的统一。客观性原则表现在戏剧对于现实生活事件情节的描写，主观性则体现在这些动作情节的发生源于人物的内心活动，通过这些动作情节，也能展现人物的内心和性格。

悲剧是戏剧的一种，与喜剧和正剧并列。喜剧是以夸张、诙谐的手法来表现事件，在对丑的事物予以嘲笑的同时，对美好的事物予以肯定。悲剧则主要表现剧中主人公与现实之间不可调和的冲突及其悲惨的结局。正剧介于喜剧和悲剧之间，人物命运和事件结局都很完满。黑格尔认为这三种剧中，悲剧所占地位最高。

悲剧中矛盾冲突是不可缺少的。运用矛盾法解释悲剧冲突，进而揭示悲剧的本质，是黑格尔悲剧理论最大的贡献。哲学中既对立又统一的关系叫作矛盾。黑格尔认为矛盾是一切运动和生命力的根源。生命的力量，尤其是内心的力量，会在它本身设立矛盾、忍受矛盾和解除矛盾的过程中表现出来。矛盾法则是其辩证法思想的核心和实质，辩证法又是其哲学思想的精华。但是黑格尔在美学思考中也贯穿和运用了矛盾的法则。他认为冲突的形成是由于精神本身存在差异和分裂。在人类意志中，存在多种力量，例如父母、夫妻、儿女之间的爱，国家政治生活，公民的爱国心等等。它们具有各自的特征和片面性，这就导致了怀着不同情感、意志的人们之间的对立和冲突。黑格尔指出这种冲突是悲剧的基础，悲剧情节的展开、悲剧人物性格的发展都依靠冲突的推动。

黑格尔将悲剧的核心归结为矛盾冲突，排斥了西方学者用命运的观点来解释希腊悲剧的传统看法，具有进步性，值得后人借鉴和吸收。

1905
17

第八章

在斗争中觉醒：俄国美学

（19世纪初—20世纪初）

近代俄国美学的发展情况与当时俄国的历史政治环境密切相关。19世纪之后，俄国的革命民主主义运动上升，要求废除封建农奴制，现实生活问题摆在了重要而紧迫的位置。在文艺方面，是现实主义胜利时期。别林斯基用文学批评的方式宣传反对沙皇专制和反对农奴制的革命民主主义思想。车尔尼雪夫斯基也从生活角度出发，做出了“美是生活”的论断。杜勃罗留波夫对文学中的人民性问题进行了强调。另外，伟大的文学家托尔斯泰写了《艺术论》，在其中对艺术的创作和欣赏作了一定研究。他们的思想都对后世产生了深刻的启发。

【图 61】 ［俄］列维坦《三月》

哪里有生活，哪里就有诗

别林斯基是俄国著名的文学批评家，革命民主主义者。虽然只活了短短37年，文学活动不足15年，但是他在文学和民主革命方面的贡献却是多方面的。他不仅宣传了革命民主主义的政治纲领，还系统总结了俄国文学发展的历史，科学地阐述了艺术创作的规律，是革命民主主义美学和现实主义的创始人。

别林斯基的思想发展一般以19世纪40年代为界被划分为两个时期。第一个时期被称为“向现实妥协”的时期，这一时期，别林斯基受黑格尔思想影响很大，接受了黑格尔“凡是现实的都是理性的，凡是理性的都是现实的”思想的影响，并没有对当时的现实进行明确而激烈的反抗。第二个时期被称为“向现实反抗”的时期。这一时期，别林斯基的现实主义思想占了上风，是他的思想成熟期。他面对黑暗的社会现实，表现出了鲜明的爱憎。

文学与生活的关系问题是文学研究中的一个重要问题。别林斯基作为一个现实主义者十分重视这一问题，也对此进行了广泛的论述。

别林斯基认为，生活是文学创作的源泉，文学是生活的反映，而且文学应该真实地反映生活——“哪里有生活，哪里就有诗。”诗作为一种文学形式，代表着文学活动，可见别林斯基认为生活是文学之源。他还直接在《文学的幻想》中说，艺术的使命和目标就是“用言辞、声响、线条和色彩把大自然一般生活（图61）的理念描写出来，再现出来”。

【图62】 [挪威]爱德华·蒙克《雪地里的工人们》(局部)

文学对生活是具有表现性和批判性的，对于这一点的认识，别林斯基经历了一个转变的过程。在别林斯基“向现实妥协”的时期，他并没有认识到文学对现实的“批评”的一面，他认为文学作品的作者只需作为一个“目击者”和“见证者”，对现实生活做最真实和最客观的反映，不用发表评论和判断。而且受到黑格尔“存在即合理”思想的影响，他认为现实发展的每一个阶段都是合理的，因此对现实持消极的态度。但是到了40年代初，别林斯基的这一思想发生了改变，他将现实生活看作混杂着泥土和其他杂质的金子，艺术和科学的作用是将现实生活这块金子清洗干净，使得现实更加纯粹。因此，到后期别林斯基是主张用艺术来反映和批评现实生活的。

现实生活是复杂的。别林斯基曾说过：“诗在于创造性地复制有可能的现实。”他所说的“现实”强调的是人与人之间的社会关系。文学描写现实就是描写人以及由人组成的社会。

那么文学怎样描写现实生活呢？别林斯基强调了两个方面。

首先，艺术应该真实地反映现实。他认为文学应该真实地表现生活的本身，表现生活本来的样子，不管是生活中的美好，还是生活中的丑恶，都要赤裸裸地揭发出来。别林斯基这种忠实于生活本身、真实地再现生活的要求是现实主义的基本原则，也是现实主义文学富有生命力的根源。

其次，别林斯基所说的“诗在于创造性地复制有可能的现实”中，强调要有“创造性”。这一要求指的是，真实表现现实生活，并不是像照镜子似的完全“照抄”，而是要运用想象和理智去理解现实，感悟现实（图62）。现实的发展是具有某些规律性的，现象最终会表现本质。文学艺术是要通过生活中的现象来表现生活中的本质，表现现实的规律性。因此，艺术表现现实并不是消极被动的，而是运用形象思维，运用想象，将由大脑加工过的现实表现出来，这样就赋予客观现实以新的生命。真正的现实主义作品，在表现客观真实的社会现象之外，还能使人从中体会到现实生活的规律和本质。这样才能表现出生活的广阔性和深刻性，人们面对这样的作品，才能唤起自己的审美感情。

别林斯基作为一名革命民主主义者还指出，文学必须关注广大的普通民众的生活。只有反映群众的愿望和要求，描写群众的生活和命运，现实主义文学才能真正具有其深刻性。

被学校开除的别林斯基

别林斯基于1811年出生在一个军医家庭，家境贫寒。别林斯基在中学时十分热爱文学，18岁进入莫斯科大学文学系学习，在校期间组织了“十一号文学社”进步文学社团，并创作反对农奴制的戏剧《德米特利·卡里宁》，激怒了校方，最终被学校以“身体孱弱，智力低下”为由开除。

怎样开展文学批评

文学批评是文学和艺术中的重要组成部分，一件艺术品，由作者创造出来，还要由欣赏者去欣赏，这个欣赏的过程就是“批评”的过程。文学批评就是对文学作品或者相关活动的评判。

别林斯基对文学和艺术进行研究，提出了很多理论，是一个文学家，但是又因为他在文学批评方面提出了先进的思想，也做了很多有意义的实践，集中反映了他的文学功绩，所以在历史上多被称为“文学批评家”。他同时是一个革命民主主义者，他的文学批评富于战斗性，是揭露俄国农奴制反动统治的强大武器，也推动了俄国现实主义文学的发展。

别林斯基认为，对于文学批评，要具有实事求是的直率的批评态度，和历史的、审美的批评原则，这两点是十分正确且全面的。

文学批评是一方对另一方作品的评价，或者可以说是一个人对另一个人的评价。在评价过程中，受评价者的性格和被评价者的身份、地位等因素的影响，有时并不能做出完全客观的评价，比如一个不愿意得罪他人的“老好人”，在评价他人时，即使看到了对方的错误或者缺点，也会因自己的性格而隐藏和省略掉。再如，很多人甚至是大部分人，对地位高、成就大的人充满敬畏，甚至是盲目崇拜（图 63）。在评价他们时，往往就会在潜意识里充满肯定，缺少质疑的态度，即使感受到了他们某些方面的不足之处，也会选择忽略，甚至进行自我说服，把不好的也认为是好的。这种批评态度，别林斯

【图63】 ［意］吉罗拉莫·达·卡普里《贤士的崇拜》

基认为是一种“躲闪的”态度，这样的批评家，虽然也能清楚地进行判断，但是仍因为种种原因而用暗示的、有所保留的态度进行批评活动，这种态度是别林斯基明确反对的。

别林斯基所主张的实事求是的“直率的”态度，是指排除掉其他任何因素，尽最大可能客观地进行评价，有自己的原则和评价标准，不怕别人的指责，也不会因“大作家”“小作家”而区别对待。别林斯基对文学新人的看法，也明确地表现出这一点。他指出，应该看到年轻作者作品中的优点和力量，虽然他们的作品可能并不成熟，并不被大多数人理解，但是仍然要本着实事求是的原则，优点缺点都要客观指出来，并善于给他们鼓励。另外，文学和艺术的欣赏者是多个层次的，有很多人因循守旧、趣味低级，不能为了迎合这样的人而影响自己的批评实践，这也是“直率的评价”的要求。

除了批评态度，历史的、审美的批评原则也是非常重要的。在具体的批评过程中起着方向上的指导作用。

首先说“历史的”批评原则。别林斯基曾说：“每一部艺术作品一定要在对时代、对历史的现代性的关系中，在艺术家对社会的关系中，得到考察，对他的生活、性格和其他方面的考察也常常可以用来解释他的作品。”这种联系“时代”“历史”和“社会关系”等因素的批评原则就是“历史的”批评原则。因为想要理解作者在作品中的真正情感，想要评价作品是否真实地反映了社会生活，想要断定作者和作品在文学发展中的地位等，这些都需要结合作家所处的时代、具体生活情况、性格发展等，才能有一个全面的认识，所作的评价才能更加客观、恰切。

除“历史的”批评原则外，“审美的”的原则也十分重要，并且十分必要，不可缺少。文学作为一种艺术，如果舍弃对艺术的美的方面的考察，而只关注作品的真实性、客观性，可以说这是本末倒置的做法。艺术作品是采用艺术的手段，运用形象思维，创造出的感性的、美的作品（图 64）。因此在进行文学批评时，就要对作品中的形象进行分析，体会作者凝结在作品中的对艺术的热爱之情和对生活的深刻感受。对艺术的真挚感情是艺术作品具有强烈感染力的源泉。因此，对文学作品进行审美的批评，就要关注文学作

【图 64】 ［俄］夏加尔《生日》（局部）

品所蕴含和表现的情感。另外，文学批评不仅要关注内容，还要关注作品的外在艺术形式，一个与内容贴合的、完整的艺术形式也是成功的文学作品所不可缺少的，也是文学批评所不能忽视的。

别林斯基不仅提出了实事求是的批评态度和历史的审美的批评方法，在批评实践中，他还将批评活动与民主革命结合起来，忠于真理、捍卫真理，用文学批评的方法为社会进步做出了贡献。

【图 65】 车尔尼雪夫斯基雕像

不同的阶级，不同的审美

车尔尼雪夫斯基（图 65）是俄国哲学家、唯物主义美学家、作家和文学批评家，还是民主主义革命领袖。车尔尼雪夫斯基 1828 年出生于萨拉托夫城，他的父亲是一位很有学问的牧师。车尔尼雪夫斯基从小就很爱学习，他家里有一个图书室，有很多藏书，小车尔尼雪夫斯基经常一面吃饭一面看书，还曾经为小说中的人物哭泣。

中学时代，车尔尼雪夫斯基已经通晓 7 种外语，阅读了俄国民主主义者别林斯基和赫尔岑的大量文章，深受他们的影响。中学毕业后，他进入彼得堡大学学习哲学、历史、文学和经济学。

车尔尼雪夫斯基的人生经历，处在俄国农民解放运动的较高发展阶段。车尔尼雪夫斯基大学毕业后回到家乡做中学老师，后来又在杂志社担任主编。在这期间，他积极参加农民革命运动，在刊物上撰写文章，揭露沙皇的残酷统治，还筹建革命组织，号召农民武装暴动。后来，车尔尼雪夫斯基因革命活动而被捕入狱，度过了 20 多年的监禁和流放生涯，1889 年才得以返回故乡，但是同年就因病去世了。

车尔尼雪夫斯基是一个革命民主主义者、伟大的无产阶级革命作家。他曾写小说，还发表了许多有关社会、自然和文艺理论的论文。他的人本主义哲学思想受费尔巴哈思想的影响很大。费尔巴哈是德国著名的哲学家，他的思想属于机械的唯物主义思想。他将人与自然统一起来，认识到自然是人存

【图66】 ［荷］凡·高《马车与远处的火车》

在的基础，人是自然的产物，人的肉体是自然中的物质实体，人的精神因依附于肉体，也是自然的产物。车尔尼雪夫斯基接受了这一思想，并在此基础上前进了一步。

他认为人只具有一种本性，体现在人的全部活动中，人体器官决定一切，包括感觉在内的心理状态是人体器官机能活动的产物。在这一点上，车尔尼雪夫斯基和费尔巴哈是相同的，他们都强调了人的自然属性。而车尔尼雪夫斯基比费尔巴哈前进的一步表现在对人的社会属性的认识上。

车尔尼雪夫斯基看到了人的阶级性，明确指出“人是一定阶级的代表”，而持有不同思想理论的哲学家也都是不同政党的代表。他举例说明，不同阶级的人所持有的思想和审美理想是不同的。底层的农民阶级、工人阶级与上层的贵族阶级在思想观念和审美趣味上就截然不同。

除此之外，车尔尼雪夫斯基还认识到了物质生活在社会生活中的重要地位，认为人类的物质和道德条件支配着社会的生活方式，社会发展是由生产力和经济的发展而推动的，物质的丰富程度以及科技的发展水平，决定着人们的生活方式，这也就是现代工业社会与古代农业社会人们生活方式差别巨大的原因（图 66）。这一点是非常深刻的。

与别林斯基一样，车尔尼雪夫斯基的哲学观点也与社会斗争紧密相关，是为斗争活动服务的，他的美学思想也是如此。

车尔尼雪夫斯基与空想社会主义

车尔尼雪夫斯基是一位伟大的平民知识分子和革命家，被列宁誉为“未来风暴中的年轻舵手”，普列汉诺夫则把他比作俄国的“普罗米修斯”。不过，车尔尼雪夫斯基信奉的仍然是空想社会主义，是一种不具现实性的改造人类社会的理想。他幻想通过旧的农民村社过渡到社会主义，认为俄国发展的特殊道路可以避免资本主义。这些观点对后来的俄国革命产生了一定的消极影响。

【图 67】　［法］夏尔丹《吹肥皂泡的少年》（局部）

美是生活

车尔尼雪夫斯基最重要的美学观点是“美是生活”的论断。

在美学上，车尔尼雪夫斯基可以说是别林斯基的接班人。别林斯基非常重视艺术与生活的关系，在自己的批评实践中，也运用文学等艺术形式来进行革命斗争。车尔尼雪夫斯基的“美是生活”的观点也带有强烈的革命性。

“美是生活”，这一个判断句就说明了美的来源和本质，与黑格尔的“美是理念的感性显现”是截然对立的。黑格尔所认为的美是依附于“理念”的，是一种唯心主义的思想。而车尔尼雪夫斯基的“美是生活”则将美的本质和来源建立在实实在在的生活现实上，是一种唯物主义的思想。美存在于现实本身，人们切实体会到的生活就是美，人们的美感来源于生活中的事物（图67）。生活是客观的，因此美也是客观的，艺术的美就是由生活本身的美决定的。需要注意的是，车尔尼雪夫斯基所指的“生活”，并不是人们所简单理解的客观的生活现象，由于他所处的年代环境和他本身的革命倾向，他所指的“美的生活”是经过革命改造过的生活，也就是他所说的“依照我们的理解应当如此的生活”。他的思想与民主革命是始终联系在一起的。

“艺术来源于生活并高于生活”是现在人们普遍的观点，但车尔尼雪夫斯基并不这么认为。他认为生活高于艺术。生活是客观实在的，艺术作为一种意识，是对生活的反映，生活是艺术的唯一源泉，在这两者的关系中，显然生活更占据着决定作用。而且生活是实在的，也是丰富的、生动的，任何形

【图68】 ［美］玛丽·卡萨特《母亲和孩子》

式的艺术都无法穷尽它的丰富和生动，因此生活高于艺术。但是，生活现实是一种客观实在，是自然形态，而艺术是作家根据现实进行的虚构，是作家思维的结果，属于观念形态。生活和艺术属于不同的领域层次，因此无论是艺术高于生活还是生活高于艺术，都缺乏科学性。

美是生活，艺术是对生活的再现。但是艺术仅仅是要做到照生活原本的样子完全客观地“摹写”现实么？车尔尼雪夫斯基给出的答案是否定的。他认为艺术不仅要反映生活的现象，还要表现出生活的本质和规律，这一点在现在也是毋庸置疑的。

艺术再现生活，生活是具体的，那么艺术也就不能用抽象的概念来“说明”生活，而也应该用具体的形象来“表现”生活。无论是文学还是绘画、雕塑等艺术，都是通过塑造鲜明的形象来表现事物的主要特征，这样人们就更容易认识和理解生活，也更容易对它发生兴趣。当然，艺术再现生活要尽可能地保留生活的本质。

艺术对生活的再现不是完全客观的“摹写”，这就需要加入作者的创造，需要作者进行创造性的想象。生活中的现象是表面的、零碎的，要想从这些表面而零碎的现象中发现生活的本质，并表现在作品中，就必然要对它进行思考和加工。这就需要艺术家具备对生活的敏锐的观察力和感知力，能够发现生活的美、生活的规律，能够对生活现象进行整理和概括。

车尔尼雪夫斯基认为，艺术再现生活，表现生活的美，是有伟大的社会意义的。艺术不仅能将生活中美好的、有意义的、引人兴趣的事物记录下来、表现出来（图 68），对生活做出评判，对人们形成教育，还能成为改造不合理现实的武器。艺术作品能够表现人们的美好愿望，传播先进的、革命的思想，培养人们为真理而斗争的精神。可见艺术对于社会发展而言是一种积极的、强大的力量。

车尔尼雪夫斯基不仅是伟大的思想家、文学家，还是一个革命民主主义者，他十分重视人对现实的改造活动，主张人应该认识真理并且为之奋斗，具有信念，做一个“积极的人”，自觉地根据生活本身的规律改造生活，推动生活前进。这一点是值得人们记住和学习的。

【图69】 ［俄］安德烈·安德烈耶维奇·梅尔尼科夫《觉醒：争取和平与独立》

文学是人民的

杜勃罗留波夫，1836 年出生在俄国下诺夫哥罗德，也就是高尔基市，他同车尔尼雪夫斯基一样，也出生于一个神父家庭。不仅如此，他与车尔尼雪夫斯基是好朋友，受到了车尔尼雪夫斯基思想的影响，也是俄国著名的哲学家、文学批评家和革命民主主义者。

杜勃罗留波夫仅仅活了 25 岁，在这短暂的一生中，他几乎将全部精力都奉献给了反对封建专制制度的斗争。在中学时代，他就成立了一个以他为中心的革命小团体，他们办手抄报来发表反对政府的诗歌和短评。毕业之后，杜勃罗留波夫与车尔尼雪夫斯基一起在报社工作，用文学的手段来进行革命运动。

当时，俄国正值革命情绪高涨的年代，专制制度腐败衰弱，农民纷纷起来反抗（图 69），在这种环境下，杜勃罗留波夫形成了革命民主主义和唯物主义思想。他认为世界是物质的，思维是物质的产物，因此人的思想都是“当时的环境”所影响的结果，新思想的产生必然反映出生活本身的变革。虽然人的思想会受到环境的影响，但同时杜勃罗留波夫也认为人能够改变和改造社会环境。这种革命民主主义思想与唯物主义思想一起，指导着他的文学批评活动。

杜勃罗留波夫的文学批评可以说与别林斯基和车尔尼雪夫斯基是一脉相承的，他也认为文学对社会生活能够产生影响，具有巨大的意义。文学可以

【图 70】 ［俄］伊凡·尼古拉耶维奇·克拉姆斯柯依《拿马缰的农人》

表达人们对社会生活的理想和要求，能够再现生活，包括再现生活中的美好，也包括再现生活中的问题。在这个意义上，文学就可以促进社会的改善。文学虽然不像法律那样，通过强制性的措施来改变社会现实，但是文学可以通过自己特殊的方式，或者在冷静的说理中，或者在充满热情的描写中来表现生活的现实，表现人们的情感，传播正确的思想和积极的精神。

由此可见，在杜勃罗留波夫那里，文学和艺术是为社会和人民服务的。

“文学的人民性”的原则是杜勃罗留波夫提出的一个重要观点。

“文学的人民性”指的是，文学作品要与人民紧密联系起来，用人民可以接受的形式，表现一定地点人民的生活环境、习俗，以及人们的思想和精神等。也就是说，文学要紧紧围绕着人民，为人民服务。而在当时的社会环境下，杜勃罗留波夫是从农民的立场来考虑问题的，他所说的“人民”指的是农民阶级。

“文学的人民性”原则的提出是有一定基础的。由于俄国当时的社会政治情况，出现了很多反映下层人民贫苦生活的现实主义作品，它们多描写普通群众的生活，揭示他们的痛苦，表达他们的愿望。文学随着社会的发展而发展，对社会产生一定的作用，而这些作用，在杜勃罗留波夫看来，只有与人民相联系、被人民接受，才能发挥出来。自古至今，文学其实一直是属于一部分人的，很多人，尤其是下层人民，由于受到物质生活条件的限制，无法接受教育，也就很难接触作为上层建筑层面的文学。对于他们来说，保证起码的生活才是重要的，他们没有条件接近文学，也没有多余的精力去享受文学。因此，文学只有当与大多数民众相接触，被大多数民众接受时，才可以说是真正发挥了作用。而且，占社会大部分的劳动群众是社会的基础，他们通过劳动为社会创造了生存资料，保证了人们的生活（图 70）。文学应该反映他们的生活，表达他们的愿望，这样才能被大众接受。

由此，杜勃罗留波夫对“文学的人民性”原则提出了四点要求。最基础也是最重要的一点就是文学要着重表现人民的生活和愿望。而且，除了要表现人们的贫苦生活和对社会的理想愿望，文学还应该表现出人们的力量和精神。杜勃罗留波夫坚信人民中蕴藏着战胜专制压迫的力量，而文学就应该表现这些美好的东西，并促使这些美好的东西产生作用。另外，“文学的人民性”要求作家在进行创作时，要一切以人民的角度来思考问题，体现和维护人民的利益。为了达到这一目的，遵守这一原则，是不是文学只限于描写人民群众的生活呢？不是的。文学也可以描写其他阶层的生活，但是这些内容是要为表达人民的观点和利益服务的。除此之外，为了体现“文学的人民性”，作家必须摆脱心中对于不同阶层的等级偏见，要能切实地感受人民的感情。最后，作家在进行创作时，不仅要做到在文学的内容上具有人民性，还要做到在文学的形式上也符合人民性的要求。这就需要文章通俗易懂，运用人们熟悉的语言词汇，写成易于人们理解的形式。

“文学的人民性”问题在古代文艺中就已经被论述，虽然杜勃罗留波夫并没有以历史的观点分析人民性在不同历史时期的表现，但是他发展了俄国革命民主主义者关于人民性的观点，并对马克思关于文学人民性问题的论述产生了巨大的影响，在文学发展史上具有重要地位。

贵族子弟的平民心

列夫·托尔斯泰，俄国伟大的文学家、批判现实主义作家、思想家，创作了世界闻名的长篇小说《战争与和平》《安娜·卡列尼娜》《复活》等。

托尔斯泰出生在俄国的一个贵族庄园，少年时就丧母丧父，由亲戚抚养成人。他小时候接受了典型的贵族家庭教育，对哲学，尤其是道德哲学产生浓厚的兴趣。虽然他的出身和教养都是属于贵族的，但是在大学时代，他就开始关注平民出身的同学，后来他还为农民子弟兴办学校。19 世纪 50 年代，他曾作为志愿兵参加了高加索的袭击山民的战役，战役中，他看到了平民出身的军官和士兵的英勇精神和优秀品质（图 71），这使他更加同情普通人民，批判农奴制。

面对当时俄国的农奴制改革和革命形势，托尔斯泰的思想愈加矛盾。他自己拥有庄园，但是又同情农民，厌恶农奴制，也看到沙皇自上而下的“改革”的虚伪性质，他曾尝试在自己的庄园中进行改革，以代役租等方法解放农民，但并未成功。思想与现实的矛盾使他十分迷茫，后来他接触到很多神父、主教、修道士等，在他们的影响下，他的思想转向了宗法制农民的信仰，宣扬博爱和自我修身，要从宗教、伦理中寻求解决社会矛盾的方法。

托尔斯泰注重人的情感，宣扬博爱精神。他认为人们进行艺术创作，就是要通过艺术来传达情感。因此，艺术要以情动人，具有感染力。艺术要传达什么样的感情？什么才是最好的感情？在这一问题上，托尔斯泰表现出了

【图71】 ［美］弗雷德里克·雷明顿《轻骑兵，俄罗斯卫兵下士》

强烈的宗教意识。

托尔斯泰认为宗教引导着人类的进步，但是这里所说的宗教，不是特指的某种宗教，不是对天主教或者佛教等某一个具体宗教的崇拜，它指的是一种宗教意识，是每一个人与神都有直接关系，在神面前都是平等的。因此人与人之间就应该像兄弟姐妹一般，团结友爱，具有博爱的意识。托尔斯泰认为，这种由博爱意识而产生的情感就是最好的情感。艺术作品体现和传达这种情感，就会具有感染力，就能把人们团结起来。

由此，托尔斯泰对上层艺术进行了批评。那时，在上层贵族中流传的艺术多表现享乐、情爱等，传达出或骄傲或颓废的情感氛围，在托尔斯泰看来，这些是与宗教精神相违背的，而且，它们也是脱离广大的劳动者的。对于未来的艺术，托尔斯泰认为应该是全体人民的艺术，应该是表现宗教博爱精神、具有感染力、把人们紧密联系在一起的艺术。

托尔斯泰只从宗教出发来考虑艺术，是欠缺科学性的。艺术是人类抒发对社会生活的理解感悟而进行的创造，是植根于现实生活的。因此，对艺术的创作和欣赏不能离开社会历史而仅仅从宗教的“博爱”“团结”等标准来判断。如果只按照这一宗教标准来评判艺术作品，势必会出现偏颇。例如，托尔斯泰在评价贝多芬的时候，就认为贝多芬的奏鸣曲没有与多数人相联系，不如平常生活中一个普通妇人的歌唱，这显然是不客观的。但是，托尔斯泰认为艺术要传达情感，要具有感染力，要属于全体人民，这些都是非常正确的，也是值得后人学习的。

【图 72】 ［俄］普基廖夫《不相称的婚姻》

“镜子”托尔斯泰

列宁曾评价托尔斯泰是“俄国革命的镜子”，是具有“最清醒的现实主义”的“天才艺术家”。之所以能够成为“清晰返照现实的镜子”，最大原因在于托尔斯泰集毕生之功创作的一部部史诗般的批判现实主义长卷。而这些作品的诞生无一不与他一生中不断思考和探索的艺术理论相关。

《艺术论》是托尔斯泰关于艺术的专论，是他在研究前人文学遗产，总结个人创作经验的基础上写成的，其中表达了他对艺术的见解，也充满了批判精神。

托尔斯泰首先在书中提出了“艺术究竟是什么”的问题，并由此对艺术进行了探讨。他认为艺术是人类的生活条件之一，是人与人之间交际的手段之一。文学作品是一个人的内心思想通过语言的凝结，作者将自己的思想通过作品表达出来，即使是写别人故事的小说，其中也通过不同人物命运、不同人物的忧愁喜乐来表达作者自己的价值判断以及情感（图 72）。不同的读者读到这些作品，就会在理解作品的基础上，结合自己的经历和感受产生某种情感的共鸣。在这一过程中，读者与作者之间就产生了心灵的交流。其他形式的艺术也是这样。作者用线条、色彩、声音或者动作等，塑造某些形象，借此表达自己的情感思想，与观赏者形成理解和交流，这便是艺术。

可见，不管在艺术创作过程还是艺术欣赏过程中，一直贯穿其中的、起到关键作用的是情感。是情感使作者有了创作的热情，也是情感使欣赏者与

【图73】　[俄]列宾《库尔斯克省的礼拜行列》(局部)

作品产生共鸣。不仅如此，情感是艺术成败的关键，区分真正的艺术与虚伪的艺术的标准也在于作品的情感性与感染性。艺术家有了强烈而深刻的情感，才会产生倾诉的需要和创作的激情。

在此基础上，托尔斯泰还认为，虽然在不同的历史时期，人们的思想情感会有不同，即使在同一历史时期和历史环境下，不同的人对于生活事件的理解也会不同，但是人的本性是不变的，人们总是追求健康的、美的、崇高的东西，希望在艺术中得到快乐、启迪和力量。由此托尔斯泰提出，在进行艺术创作时，作者应该深入到普通人的生活中去，表现大部分人的情感和追求，以表现美好作为出发点和归宿。他对当时在上层阶级之间流行的充满消极情绪的矫揉造作的颓废艺术进行了深刻的批判，表现了现实主义精神，也推动了当时俄国文学的发展。

关于艺术感染力，托尔斯泰也进行了探讨。他指出，要想使艺术作品具有感染力，使作者与欣赏者之间通过作品产生共鸣，就要使欣赏者在看到作品时，觉得这部作品表达的内涵正是自己想要表达的，也就是说，这部作品正是自己想要创造的。这需要三个条件。第一，作品的艺术感染程度直接取决于作者感情的真挚程度。真实的东西才会有魅力，没有人喜欢活在虚假当中。第二，艺术家所传达的情感是特殊的。老套的剧情谁也不会喜欢，追求新鲜与刺激是人们共同的倾向，艺术家的情感越独特，作品也就越独特，具有了自己的个性，这样，欣赏者从作品中感受到的新鲜和欣喜就会更强烈。第三，清晰的表达也是必须的。清晰的表达是指在作品中直接外露自己的思想情绪吗？不是的。对于文学作品来说，情感仍然要在故事情节和人物形象中委婉地表现出来。情感清晰的表达，强调的是情感的真实而自然的表达。托尔斯泰认为，作者在对生活具有广泛、深刻的理解的基础之上，写出真实而生动的情节，塑造出丰满的、有生命力的形象，通过他们能够表现出生活本身的丰富和变化，这便是做到了清晰的表达（图 73）。

托尔斯泰无论是在文学创作还是艺术理论方面，都给了人们很好的指导，这是他为后人留下的最宝贵的遗产。

第九章

百花齐放的近现代美学

（19 世纪初—20 世纪中后期）

近现代美学的研究多与哲学、社会学、心理学、语言学等结合。虽然思想复杂、流派众多，但大致可分为两大思潮：一是侧重审美，二是侧重实证。侧重审美的现代性文论思潮，将作为审美主体的人的实际体验、内在的感性和直觉放在了最重要的位置。他们通过对人的精神内涵的揭示，去解释艺术的本质和审美过程。这一思潮主要包括心理学美学、精神科学美学、表现主义美学、存在主义美学，以及接受美学等。侧重实证的现代性文论思潮注重美学研究的科学性，将自然科学研究的方法应用到美学研究中。在方法上注重实证和归纳，也注重语言的逻辑功能。这一思潮主要包括自然主义美学、形式主义美学、现象学美学、符号论美学等。

【图 74】 ［俄］夏加尔《致我的未婚妻》

美学的新门类

心理学美学是一个包含诸多内容的大的美学思潮。这一思潮中虽然存在不同的流派，但是它们有一个共同点，就是都从人的心理角度来研究审美活动中各个环节的问题。

德国哲学家、心理学家费希纳从心理试验着手研究审美活动，被公认为试验心理学和试验美学的创始人。他认为美学是一种由心理到物理的现象，是心理学的一个特殊分支。他通过在实际中进行试验，让人们区分两幅画像中哪一幅更美以此来研究审美的过程。他强调美的形成是以人的心理活动为基础的，也强调美学研究应该以经验事实为基础，从而创立了实验美学。

移情说美学是心理学美学的一个主要派别。我们可以以移情说为例，来体会心理学美学的主要思想。“感时花溅泪，恨别鸟惊心”是我国唐代诗人杜甫的《春望》中的诗句，大意是说，感伤的时候花儿都好像在流泪，人们离别之时，鸟儿的叫声都让人心惊。这其实就是西方文艺理论中所说的“移情作用”。

移情作用，简单来说就是指人将自己的情感“移到”对象中去（图 74）。人在面对没有生命的事物时，也将这些事物看作是有生命的、与自己一样有感觉的东西，人们能够通过想象感受到这些事物的情感、思想等。人们把自己的情感移到对象中去，在感受对象的同时也在进行自我欣赏，在这一过程中，人们就会获得审美的喜悦。

【图 75】 帕特农神庙的多立克柱

早在古希腊的亚里士多德就有对这一现象的论述，虽然在那时这一心理作用并不叫“移情”。亚里士多德用著名的荷马史诗来做例子，他指出，荷马在写作史诗时，其中提到了很多没有生命的东西，例如石头、箭、矛等，荷马运用隐喻的方法，将它们比喻成与人一样有生命的东西，写道“那块无耻的石头又滚回平原”“箭头燃烧着要飞到那里”“矛头站在地上，想吃肉”“矛头兴高采烈地闯进他的胸膛”等。面对没有意识和感觉的石头、箭、矛头，荷马用了“无耻”“站”“兴高采烈”等词语，甚至直接说矛头“想吃肉”，这种把物当作人的写法表现出的正是荷马的“移情”。

在亚里士多德之后，还有人用“联想”“同情”和“偷换”等概念来解释移情作用。到19世纪时，德国哲学家罗伯特·费肖尔才首先提出了“移情”这一概念。

罗伯特·费肖尔的父亲弗里德利希·费肖尔也是著名的哲学家，他注意到了审美的象征作用，例如，埃及宗教用牛象征体力和生殖力，在一些寓言中，天平象征公道等。人们面对客观事物，要把自己“外射到”或“感入到”自然事物里去，这其实就是人将自己的情感投射到并没有生命的对象上去的过程，也就是移情的过程。罗伯特·费肖尔正是从父亲的这一理论出发，提出了“移情作用”的概念。他认为人天生具有这样的本领，看一朵花时便在心里将自己缩小到可以装进花里去，看庞大的事物时也能随之“伸张”自己。因此，人可以将自己的情感渗透到对象中去，做到“物我同一”。而“移情作用”的状态就是物我同一的状态。

移情说的主要代表是德国美学家、心理学家利普斯，人们多将移情说与他的名字联系在一起。利普斯是一位心理学家，他研究美学也主要是从心理学出发的。他曾举了多立克柱的例子。多立克柱是希腊建筑中用来支撑平顶的石柱，下粗上细（图75）。它们虽然是大理石，没有生命，可是人们看到这些石柱时，会感觉到它们是有生命的，富有生气和力量。面对上面覆压着的沉重的平顶，这些石柱没有被压垮，不仅如此，下粗上细的形状让它们更加具有一种积极向上的升腾的感觉。人们面对这样的石柱，就会联想到自己，他们可能遇到挫折还未成功，在奋斗中坚持和努力，或者是经过奋斗而已经取得了一定的成绩，不管是哪种情况，想到自己的努力，就会觉得这些石柱与自己一样，有一种坚强不屈的精神。这种用人的眼光来看待事物的做法就是移情的过程。在这一过程中，人们感觉面对的事物就像自己，这时事物更容易被人们理解，仿佛更加接近人们，人与物“打成一片”，人在其中体会到一种亲切感和喜悦之情。

另外，瑞士心理学家、美学家爱德华·布洛提出了“心理距离说”，在心理学美学中也十分有影响。他强调的是，在艺术作品与欣赏者之间，存在一定的距离，这种距离是欣赏者与艺术作品之间实际利害关系的分离，也就是说，欣赏者与艺术作品之间并没有存在密切的利害关系，因此，人才能对艺术作品进行审美。这一学派要求不管是艺术创造还是艺术欣赏，都要以不涉及利害关系的态度进行。

在这些理论主张之外，还形成了很多其他的心理学美学理论。它们都提倡从人的心理角度来进行审美研究，这就强调了人在审美中的主体性，而且，将美学与心理学联系起来，也使美学研究在一定程度上更具科学性。

凝视人本身

精神科学美学的思想主要是由德国现代哲学家、美学家威廉·狄尔泰提出并阐释的，他的思想对美学的研究产生了不可磨灭的影响。

他认为，自然科学与人文科学、人类历史等在研究对象和研究目的上都存在差别，自然物质与人文精神和人类历史本身的特点就不相同，因此，科学的实证的方法在精神研究方面是不通用的。在自然世界、物质世界中，事物是具有绝对的客观性和确定性的，因此人们可以通过精确的分析和研究来获得知识。但是在社会人文领域，在人的精神世界，所包括的大多是情感、想象、意志、价值评判等，它们都因人而异，没有确定性，无法进行精确的研究和确定。

从生物学方面看，人是最高级的有生命活动的生物，从社会生活方面看，人又是社会的主体，因此，研究生命活动和社会文化发展就转到了研究“人”身上，活生生的人是精神科学研究的起点和终点。精神科学对人的研究使得人们开始凝视自己、反思自身。

精神世界与自然世界是不同的，精神科学与自然科学的研究方法也不同，那么如何才能将两者划分开呢？什么方法才算是精神科学的研究方法？晚年的狄尔泰指出，只有当人们用体验、表达和理解等方式来进行研究和阐释时，人才成为精神科学的研究对象，这种研究也就属于精神科学的研究。

首先强调的是“体验”。虽然现实物质世界与人的精神世界不同，但是随

【图 76】 ［西班牙］毕加索《哭泣的女人》

着现代科技的发展，随着社会的物质资料的大量积累，科学研究的思维模式已经渗透到哲学、文学等研究中，深刻地影响着人们的日常思考。但是，人生并不仅仅有科学就足够了，人们还要有精神的追求、情感的需要，而正是艺术才能通过给人带来美感来丰富人的精神世界。因此，狄尔泰认为人生与艺术是密不可分的。对于艺术，人们无法像进行生物或者化学实验一般去解剖、化验、测量，然后分析数据，最后得出结论。在艺术研究中，人们只能“体验”，用心感受艺术作品，感受作者的创作情感等（图 76）。正因为人们是对艺术进行“体验”而不是“研究”，所以不同的人体验到的东西是有差别的，且艺术本身也并没有确定性的意义，正所谓“一千个读者有一千个哈姆雷特”。在对艺术进行体验时，人们全身心地投入到观赏对象中，犹如中国古代文化的“庄周梦蝶”一般，庄周梦到自己变成蝴蝶，梦醒后，竟不知自己是庄周还是蝴蝶。这种状态就像真正进行艺术体验时的状态，那时，欣赏者与艺术作品仿佛融为一体，艺术作品就凝聚了欣赏者的精神和生命。

除了体验，“表达”也是精神科学必不可少的一方面。表达是将体验到的东西物化，表现出来。人所体验到的事物是一种心理的感受，是纯主观的，会发生变化，也不好把握。只有用语言、文字、形状、画面，以及其他艺术符号，或者是科学符号等“表达”出来，才能被人们理解和把握。人们对艺术进行体验，对生命进行体验，并将体验到的东西表达出来，而其他人也可以通过这种“表达”来重新体验艺术背后的意味。

表达之后就是“理解”。人们通过体验和表达，将艺术作品的意义表现出来，那么如何把握其中表现的意义呢？要“理解”。狄尔泰认为“理解”是精神科学的根本方法，只有通过理解，才能体会到艺术表达中所表现的意义。这里的理解不同于科学研究中的逻辑思维的过程，它是一种进入人类精神生活的过程。没有理解，表达也就没有了意义。正是理解的过程使得人对艺术的体验和表达才具有意义，并且得到延伸和扩展。理解也是一个人与另一个人的一种交流。

用心去体验、表达和理解，才能领悟人的精神和生命的实质，这可以说是狄尔泰精神科学美学带给人们最大的启示。

【图 77】 ［瑞士］保罗·克利《千里光》

反对传统、遵从内心

表现主义是现代西方一种重要的艺术表现手法，也形成了自己的艺术流派。

在第一次世界大战之后，表现主义开始在德国、法国、奥地利等国家流行。在战争时期，人们生活动荡，内心极度不安、恐惧，而且无法在外界找到疏导的方法，因此，在艺术中，人们就注重表现人的内心世界。“表现主义”一词最初是在法国巴黎举办的一次画展上茹利安·奥古斯特·埃尔维的一组油画的总题名，后来画家在线条、色彩和技法等方面进行了大胆的创新，逐渐形成了绘画上的表现主义派别。后来，表现主义的创作方法发展到音乐、建筑、诗歌、戏剧等领域。

表现主义的作品都着重表现艺术家内心的情感，因此，对于表现对象的外在形式要求并不高，并不要求完全客观准确地反映其外在形式。表现主义大都强调反传统，要求改革创新。另外，表现主义的作品不注重描写对象的细节，画家将主要精力集中在表现事物的内在实质、揭示人的灵魂和表现事物的永恒品质上（图 77）。他们认为艺术家面对世界中的万事万物，产生自己的感官印象，这种印象是最为真切的，因此，表现主义作家注重对主观感受的表现。另外，人看到的往往是事物的表象，而真实的东西是能够刺激和震撼人心灵的东西，是事物内部的精神实质，这是表现主义学派所注重的。

意大利哲学家、文学批评家和美学家克罗齐是表现主义美学的代表人物。克罗齐思想中主观唯心主义的成分很重，他提出了“直觉即表现”说。

克罗齐的这一学说建立在他的哲学思想上，在他那里，有一个完整的哲学系统。他认为精神世界与现实客观世界是相同的，因此，他的哲学只研究精神活动。精神分为认识和实践两方面。认识方面可分为直觉和概念两个阶段，实践方面又分为经济活动和道德活动两个阶段。

直觉是认识的起点，是对个别事物形象的认识。直觉是一种心灵活动，它的来源是人的情感。人在情感的支配下，对事物产生直觉，从而会对事物的形式有所掌握，进而就形成了事物的意象。例如，人们感到了红太阳，就会在心中形成一个红太阳的意象。将这一意象表现出来，就能同时表现出人的情感。由此看来，直觉是抒情的表现。这是"直觉即表现"的一个方面。对于这一论断，人们并没有不同的看法，但是后来，克罗齐又补充说，由直觉创造出来的意象就是这一事物的客观存在，是用来表达人的情感的。这种说法显然是错误的。事物是客观存在的，并不是直觉创造出来的，就像人们感觉到的红太阳，即使有些人没有感觉到，它还是客观存在着。

既然直觉是一种表现，是用来抒情的，那么直觉就等同于艺术。克罗齐认为感觉到事物，并形成意象，就已经完成了一件艺术作品。因此，一切最基本的感性认识活动就是艺术创造——这显然也是不正确的。

表现主义绘画

表现主义绘画是指强调表现绘者的主观感情和感受的绘画作品，绘者对自身感受的表达常常会导致对客观形态的夸张、变形以至表现出怪诞的效果，它是20世纪初在北欧风靡的艺术潮流，也是社会文化矛盾加剧的反映。其实，在北欧各国早期的艺术中早已存在着表现主义的风格，比如早期日耳曼人的艺术、中世纪的哥特艺术等都具有夸张、荒诞的表现效果。

单纯如实，保证中立

自然主义是一种艺术创作倾向，最开始体现在文学艺术的创作中，在19世纪到20世纪的法国首先兴起，然后扩展到其他西方国家，也影响其他的艺术领域，成为一种思潮。

自然主义美学也是有一定哲学基础的。强调观察和理解生活中的自然状态，强调客观、真实与科学，讲究实证等哲学思想，都为自然主义美学奠定了基础。实证主义哲学认为，人类的认识已经进入科学阶段，科技快速发展，人们的认识越来越细致、准确，而且，在这一阶段，人们不再重视事物的内在精神层面，他们常常运用科学的方法，运用细致的观察和推理，以求找出事物存在和发展的规律。

在自然科学发展的影响下，在追求自然和实证的思想的指导下，在文学艺术领域，一些作家也开始注意人类社会与自然的关系。例如，法国著名小说家巴尔扎克曾说“社会和自然相似”“社会环境是自然加社会”。可见，自然主义重视自然，追求绝对的客观性，追求真实而单纯的描写。按照事物本来的样子去表现，这便是自然主义美学最本质的要求。

自然主义作为一种文学创作方法，追求客观、自然和完全真实，反对想象、夸张，也反对对现实进行一定程度的加工、进行典型性的概括。自然主义也要表现生活，而且要如实地、按照生活原来的样子进行表现，是对生活现象进行记录式的写照（图78）。他们常常用客观的自然规律，尤其是生物

【图 78】 ［法］柯罗《划船的渔夫》

学规律来对人类社会和生活现象作出解释。用生物学规律来解释社会生活的现象，是自然主义文艺比较突出鲜明的特点。因为他们认为人和其他动物、植物一样，因此，他们用普遍的生物学知识来解释人类，注重人的感觉和本能。

现实主义也是一种文学创作方法，强调要通过文学艺术表现现实生活。虽然自然主义和现实主义都要表现社会生活，但是它们在具体操作上是不同的。

他们都强调反映自然。现实主义主张，在通过艺术作品反映自然时，并不是完全照实反映的，而是要进行一定的加工，将有特点的事件留下，将无关紧要的情节略去，通过典型化，塑造具有明显个性的人物，如此一来，艺术作品就能够在有限的情节中表现出丰富的内容。自然主义则不同，主张看到什么就写什么，看到的是怎样，就怎样写，是一种照镜子似的、完全机械的反映。他们反对对自然进行概括加工，认为人对现实生活现象的再加工会破坏它的真实性。他们想要完全真实地反映生活，截取真实的生活片断，呈现给读者，这样读者从中体会到的就是绝对真实的生活。既然自然主义主张艺术创作不能对现实进行加工，那么在人物塑造和情节设置方面，自然主义与现实主义的要求当然也是不同的。现实主义可以塑造接近完美的英雄人物，但是自然主义却主张小说家应该侧重表现普通人的日常生活，因此，就要多写日常生活中占大多数的小人物。情节上也是如此，越是“日常”就越真实，要写平凡的、偶然的、琐碎的事件和细节，才能更加真实地反映生活现实。但是这样的写作难免会让人觉得太过平常，太无趣，自然主义的作家们也注意到了这一点，他们的解决方法是在文章中加入了一些怪诞、畸形的成分，以使作品带有一定的新鲜感。这种做法无疑是不对的。

自然主义作为一种创作方法，对创作者的创作立场提出了明确的要求。他们认为文学只要客观真实地表现社会生活，而不是为国家政治或者社会道德服务，因此作者在创作时要保证处在一个中立的位置。自然主义者要做一个“科学家”，要用不掺杂情感和立场的态度进行创作。自然主义在这一原则指导下进行创作，虽然在很大程度上做到了真实和客观，但是这种流于表面的写作方法，不能深入地揭示生活的本质，因此自然主义的作品往往缺乏较深刻的思想内容。

极端“形式控”

形式主义美学，顾名思义，强调的是形式，包括艺术作品中的文字结构、线条、色彩、形体、声音等，与强调完全真实地表现事物内容的自然主义是截然相反的。

形式主义美学在西方近代美学中表现十分突出，但其实哲学和美学中的形式主义倾向在很早就有了。古希腊的毕达哥拉斯学派从“数”中来探究美，他们认为数是万物的起源，数量关系决定着外物的形式，只有按照一定的数量关系和比例，才能营造一个和谐稳定的秩序，这种和谐正是“美”。可见，毕达哥拉斯学派强调的并不是“数”的内容，而是“数”的排列组合形式，这显然是一种形式主义的思想。后来他们在雕刻、建筑等领域也都是从几何关系中寻找美的。德国哲学家康德在讨论美的时候，也认为美只涉及对象的形式，而不涉及它的内容意义、功效目的。可见，形式主义的思想在很早之前就出现了。

近现代以来，在形式主义上做过阐述并产生了影响的有英国美学家、艺术批评家罗杰·弗莱和克莱夫·贝尔。

弗莱曾到意大利学习艺术，成了一名画家，他也是绘画研究者和评论家。他认为绘画艺术最本质的东西在于形式，这些线条和色彩在很大程度上决定了一幅画的好坏，线条与色彩和谐地融为一体，才能给人美感和愉悦感，且形式给读者带来的美感与愉悦比内容更加长久（图 79）。由此，弗莱认为艺术的形式比内容更重要，比起内容与情感，作者应该更注重艺术的形式的安排。

克莱夫·贝尔也将研究集中在绘画方面，并由此提出了形式主义的思想。他最著名的美学命题是认为，美是一种“有意味的形式”。他的思想与弗莱的十分相似，也认为艺术的美在于线条与色彩的组合形式，而且正是这种形式关系激起了人的审美感情，成功艺术的美的、感人的形式有一种独特的意味，贝尔就将它称为“有意味的形式”，这也是一切视觉艺术的共同性质。而且，由于“有意味的形式”是一切视觉艺术的共同性质，因此它不会随着时间以及外在条件的改变而改变，它是一种永恒的美，不同时期、不同文化背景的欣赏者都能够感受和喜爱。关于艺术形式与所表现的内容之间的关系，贝尔除了认为形式比内容更重要，他还指出，艺术的内容不仅对形式的表现没有帮助，而且还会对形式造成损害。

为什么贝尔如此注重艺术的形式，而忽视艺术的内容呢？因为他认为艺术将人带入的并不是现实世界，而是一个与现实世界不同的神秘的世界。因此，艺术并不需要用植根于生活的内容和情感，来激发人们对现实世界的情感或者加深人们对现实生活的理解。它的真正任务是塑造完美的形式，让人们陶醉其中，体会一种单纯和神秘，然后产生美的和愉悦的感受。这种美的和愉悦的感受就是真正的审美情感。

近代形式主义美学家弗莱和贝尔都是倾向从绘画方面研究和强调形式主义的原则的，而在文学领域，形式主义也有具体的要求。文学艺术与绘画不同，主要是由语言文字组成的。这时，形式指的就是语言的发音以及词句之间的排列组合，或者是词语表达的客观意象。而内容则是指文章整体上所表现出来的内容、意义和思想等。文学中的形式主义者强调诗歌等文学作品中声响、节奏和丰富的词语，他们认为这些才是读者直接面对的东西，而内容、思想感情等是要通过这些形式来进一步体会到的。在语言中，形式就是“怎么说”的问题，而内容则是“说什么”的问题，在某些情况下，同样的意思，用不同的方式说，产生的效果就会截然不同。因此，不管形式与内容哪个更重要，形式本身都是十分重要的。

【图 79】 ［俄］康定斯基《构成第八号》

形式主义注重艺术的形式，这是无可厚非的，也是正确和必要的，但是有一种极端形式主义主张形式是艺术唯一重要的东西，将艺术内容的作用与重要性完全抹杀，这是不科学的。艺术的形式和内容都很重要，只有两者和谐统一，才是成功的艺术。

被意识到的才是美的

现象学美学是以哲学中的现象学为基础，用现象学的方法研究美学问题的一种美学思潮。

哲学中的现象学以德国哲学家胡塞尔为代表，他也是现象学学派的创始人。胡塞尔最初走向现象学的方法是为了要使哲学成为严格的科学。他认为哲学最开始就应该是一门严格的科学，但是因为在发展中受到一些具体流派的影响，并没有实现。因此，胡塞尔从哲学的起点出发，通过一定的方法使哲学成为严格的科学，在这一过程中形成了现象学的研究方法。

胡塞尔认为，哲学的起点和前进的每一步都应该是自明的，因此他主张对事物的研究要“面向事情本身”。那么什么才是事情的本身？什么才是哲学自明的起点？胡塞尔走向了意识。他指出，世界是人意识到的世界，意识不是空的，因为它总是关于某个事物的意识，是具有一对一的指向性的，每个意识都指向一个对象，不管这个对象是客观的还是主观的，因此意识可以说是实实在在的。人们意识到的东西、现象才可以说是实际存在的，相反，没有进入人们意识中的东西，人们就无法确定它们是否客观存在。

哲学要面向事情本身，要从意识的意向性开始探究，由此，胡塞尔又提出了一套研究方法，被称为“现象学还原法”。它排除一切经验的东西，将事物“还原”成为一种纯粹的现象来理解。例如一本书，人们研究时，并不把它当作独立于人意识的叫作“书”的客观物体来理解，而是将它还原成为人

【图 80】 ［法］尤金·布丹《海上的船只》

意识中的体现为“书”的这一现象。它主要研究的是对象在人们意识中的显现方式，目的就是通过人的直接认识去把握事物的本质。

在此基础上，法国美学家杜夫海纳在研读了胡塞尔已经发表的所有著作和论文后，十分认同胡塞尔所提出的“面向事情本身”的主张，也支持把审美纳入现象学研究的领域中。

杜夫海纳认为美学研究应该着重研究欣赏者的审美经验，欣赏者的审美是独立的，通过它们，作品的价值得以真正实现。就像一首乐曲，当词曲作家将词曲写成时，还并不能算是一件艺术作品，只有当作品上演，呈现在欣赏者面前时，当它进入人们的意识时，才能真正算作音乐作品。

梅洛·庞蒂是现象学美学的另一位代表人物。他将现象学的意义与人的存在尤其是人的躯体联系起来。他认为人的身体和心灵是统一的，心灵依附于“躯体”。人的感觉和知觉是人与世界接触的第一道关口，也就是说，世界被人们认识首先是通过人的感觉和知觉（图 80）。感觉和知觉并不相同。人与世界中的事物接触，首先形成的是感觉。比如人触碰到水，首先是形成柔软的，并带有一定温度的感觉。人们对事物形成感觉之后，再进一步体验，并有意识地去体会这种感觉，这时所形成的体验，就是“知觉”。比如，人感觉到了柔软的水，在此基础上，又体会和认识到了水的液体状态、流动性、无色无味等性质特点，这就对水形成了一种知觉。感觉和知觉可以说是生命的一种证明，梅洛·庞蒂认为，人的精神和生命的勃发，很大程度上是由于人的感觉和知觉的敏锐。

在梅洛·庞蒂看来，艺术是对各种事物真相的有深度的揭示。它只有被知觉到才能被体验到，进而被把握。艺术家创造艺术，唤醒在读者意识中的之前的体验，这一艺术作品就将作者和欣赏者的生命联系起来。也就是说，作品只有使两个或者多个人的真实的心灵得到交流，才能说是体现了它的真正的意义。

现象学将人们的注意力拉到人们能够意识到的具体实在的东西上来，这在人们认识世界的过程中是有积极影响的。

【图 81】 ［瑞士］贾科梅蒂《行走的人》

要个性，要自由

存在主义（图81）是首先在哲学上兴起的一股思潮，后来美学家们用这样的思维方法来研究美学问题，就形成了存在主义美学。存在主义美学的主要代表人物有德国哲学家马丁·海德格尔和法国哲学家让-保罗·萨特。

存在主义是于20世纪20年代在德国兴起的，当时正值第一次世界大战结束。第一次世界大战摧毁了人们平静的生活，宗教意识也被削弱。虽然科技发展了，但是人们越来越“无家可归”，在心灵上找不到归属感，迷茫、浮躁，认为自己与世界已经脱离。在这一背景之下，存在主义哲学家们将人升到了本质的地位。就像它的名称一样，存在主义是以强调人的存在为核心的。人的存在是最为本质的意义，除了人的存在，宇宙中的其他事物都是没有实际意义的，都是在人的存在的基础上造就的。人的存在也是全部哲学的出发点。萨特的名言“存在先于本质”就十分明确地说明了他们的主张。一切事物以人的存在为中心，存在主义强调尊重人的个性。

存在主义也十分强调尊重人的自由。他们认为人的存在是一切的基础和出发点，而人是通过自由来造就自己的本质的。艺术则是以实现人的自由为主的领域，通过艺术的发展，人们可以发展自己的自由，克服现实中的压力。

海德格尔认为世界是虚无的，人是真正的存在，而且人的存在是包括艺术在内的其他一切存在的依据。艺术家与艺术作品共同依赖着先于他们的第三者——艺术。艺术不单单是艺术家的行为，也不单单是显示于艺术品的本质，它是真理的自行发生，而这一真理是存在的真理。也就是说，人们从艺术中可以看到存在的真理。

萨特认为，虽然这个世界纷繁复杂，但仅仅是一个巨大而神秘的背景，人只在自己的意识所构建的现象界之中生存。这就好像，对于每个人来说，他所知道的、所意识到的就是他的全部，那些他从来没有发现、没有看到、没有接触到的，在他的意识中不存在，对于他来说就没有意义。

由此，萨特提出了另外一个名词，那就是“介入”。“介入”是一种干预的行为，是让自己深入到一件事物之中，与这个事物产生接触。在萨特看来，人只有介入自己生存的现象界中，才能意识到其中的事物和生活，只有有了意识，人才可以说是在真正地生存。人在介入的过程中，不仅产生了意识，而且也在一定程度上在意识的指导下改变着现实。人凭借自己的意识和行为建立和改变着世界，同时也开创了自己的人生。可见，人的存在是人造就的，并不是由所谓的“上帝”“神”等外部力量决定的。

萨特的文学理论也由此而来。在文学中，萨特最关注且谈得最多的是散文。在他看来散文是一种“介入”的写作。语言是用来表达意义的，意义一定，但是表达同一意义的语言却可以是多种多样的。一个事物可以这样说，也可以“换句话”那样说，这种同一意思有好几种说法的情况就是散文的写作情况。而诗歌不同，诗歌的语言和意义不可剥离，它们是独一无二的对应关系。萨特的这种区分，并不是完全合理的，或许存在很大问题。不过从“介入”角度出发，可以看出存在主义对他美学思想的影响。

在这一点的基础上，萨特还提出了作者与读者之间的关系问题以及读者的“自由”问题。作者的创造与读者的阅读是紧密相关的，任何一种文学作品都是一种召唤，在这其中达到作者与读者的交流，因此只有通过读者的阅读，作者才能认识到自己对于作品的存在以及重要性。通过作品，作者对读者发出召唤，读者可以根据自己创造出的“作品”进行个性化的理解和发挥，在这时，读者和作品就都是自由的，也通过自由体现了自己的生命。

可见，在萨特那里，读者的自由阅读可以说使作者的创作变得有意义。无论是写作还是欣赏都要求保持自由的状态，但是自由的状态对于很多读者来说，并不容易做到。面对作品，人们往往将阅读中自己的“主体性”忽略掉，受到各种因素的羁绊，这是需要克服的。

拒绝诺贝尔文学奖的萨特

让－保罗·萨特是法国著名的小说家、哲学家和剧作家，同时他还是一个文艺评论家和社会活动家。萨特生于法国巴黎的富裕阶层家庭。萨特的父亲是一位海军工程师，在萨特幼年时去世。中学时代萨特开始接触柏格森、叔本华、尼采等人的著作。1924年萨特考入巴黎高等师范学校攻读哲学，这个学校被称为“法兰西文化巨人摇篮”。毕业后，萨特以全国中学哲学教师会考第一名的成绩获哲学教师资格，随后在中学任教。1933年，萨特赴德国柏林法兰西学院进修哲学，受到胡塞尔和海德格尔的影响，开始研究现象学和存在主义。

回国后，萨特继续在中学任教，并将自己所写的一些作品发表，其中有大量的哲学著作，如《论想象》《自我的超越性》《情绪理论初探》《胡塞尔现象学的一个基本概念：意向性》。同时，萨特把哲理带进了小说和戏剧创作，他的中篇《恶心》、短篇集《墙》、长篇《自由之路》，剧本《苍蝇》《间隔》等，都在法国文学界占有重要地位。1964年，瑞典文学院决定授予萨特诺贝尔文学奖奖金，被萨特谢绝了，因为他不愿接受任何官方授予的荣誉。

【图82】 [荷]凡·高《成堆的法国小说》

美就是信息

符号，简单来说指的是一种用来代表某种事物的标志。它通常是规定或者约定俗成的，具有形式简单的特点。符号种类繁多，几乎运用于生活中的一切领域。数学、物理等学科中有代表各种意义的符号，广告中有代表产品和公司文化的符号，过马路时也有用于交通指挥的符号等。可以说符号无处不在，方便着人们的生活。

语言也是符号的一种。符号论美学就是人们用符号学的观点、方法来研究美学和文学理论中的问题。

最先以符号学理论为基础来研究美学问题的是苏联美学家洛特曼。“符号”和“语言”是洛特曼理论体系中两个非常重要的概念，也代表着符号学研究中的两大主流，它们就是“逻辑符号学”和“语言符号学”，两者的区别在于，“逻辑符号学”的研究重点是单独的符号，而“语言符号学”则不仅研究单独的符号，还研究语言，研究用于交流的基本符号系统。洛特曼就集中研究了作为符号系统的语言与作为艺术文本的语言之间的关系。

“文本”（图 82）指的就是多个语言符号按照一定的规则和结构组织起来的语言信息。在洛特曼看来，艺术文本就像一个有生命的活的生物体。为什么说艺术文本是有生命的呢？因为艺术文本是一个无穷无尽的信息源，而这在洛特曼看来也正是艺术文本的本质所在。艺术文本与其他类型的文本不同，一本几十万字的教科书，它所传达的信息只在特定的时间和范围内是正确的，随着时间和条件的变化，就会渐渐被新的教科书取代。而艺术文本，比如一篇优秀的短篇小说，它可能只有几千字，但是其中所表达的信息，所表现的生活的丰富性以及向读者所传达的感受和思想，都是无穷无尽的。由此，洛特曼提出，艺术语言以极小的语言量来表达出丰富的信息，具有意义和审美价值，信息具有意义，是美的，“美就是信息”。

美是信息，而信息的载体是结构和语言。艺术通过一个人创造和另一个人欣赏而成为人与人之间交流的纽带。而艺术无论是通过语言还是图像都是运用一种符号来向人们传递信息，因此，艺术就可以看作是一种使用符号来传递信息的特殊系统。

符号是对实物的象征和指代，它毕竟不是实物。在实际交往中，人们虽然知道语言的意思，但是语言符号是复杂而多面的，可能一种语言会同时指向多种事物，含有多种意义。因此由语言经过组合而形成的艺术文本，其真正含义就不像语言本身那么简单了。作者和读者虽然都使用符号，但是其中所传达的信息却不一定相同。读者面对作品，在自己所掌握的语言符号系统上去理解文本，在这一过程中会出现两种情况。当读者与作者所使用的是同一套符号系统时，文本就能顺利被读者正确地接受。如果双方使用的符号系统并不完全相同，就会出现偏差，导致读者所理解的信息并不是作者真正想传达的。

符号论美学家们虽然在理论上有不同的侧重点，但是他们都是从符号出发来研究美学的，认为符号是艺术的本质，这与以往的美学理论十分不同，可以说是为美学研究开辟了一个全新的领域，促进了现代美学的发展。

通过艺术解放意识

社会批判美学是针对现代工业社会现状进行批判，企图用艺术来使人重新获得自由的美学理论，代表人物是马尔库塞。

马尔库塞生于柏林一个犹太家庭，是德裔美籍哲学家和社会理论家。他的哲学思想受到了弗洛伊德主义和马克思主义的影响，主张把两者结合起来，解决当代资本主义社会的问题。他的美学思想也是以对现代资本主义工业社会的批判为前提的。

西方世界经过资产阶级革命和工业革命之后，就出现了高速发展。工业和科技是社会发展中最为突出的两个方面。它们给当代资本主义社会带来了极大的物质财富。但是在高度发展的物质生活背后，人们的精神世界越来越贫乏，人性的自由越来越受到限制。人们大部分时间都奔波于“一台台现代化机器”中间，随着社会分工越来越细，人们在社会中的位置显得越来越渺小，就像一台机器中的零件，与他人相互配合，做着属于自己的单调重复的工作（图 83）。而且，随着科技和物质的发展，人们对于物质的追求越来越大，被房、车、舒适的生活，甚至是名牌产品左右，他们将大部分甚至全部精力用于对这些事物的追求上，忽视了自己与家人的爱、与大自然的亲近，丢弃了自己的爱好等，越来越浮躁。在这样的情况下，人们精神上的自由就会越来越受到限制，人本身变得单一、贫乏。而艺术也丧失了它的传统功能，形成了千篇一律的意识形态性文化。

【图83】 [德]门采尔《轧铁工厂》

面对这样的社会现实，马尔库塞从艺术方面提出了自己的要求。他的着眼点首先放在人的本能的解放上。他认为人的主体意识的解放是人性解放的前提。人们只有恢复灵性、激情等感性需求，才能从工业和物质的枷锁中解放出来，才能重新进行审美。人的感性具有破坏旧世界的潜力，感性的解放有助于促进社会变革。对于感性和精神的重视体现了他对弗洛伊德思想的继承，而将感觉与资本主义社会变革结合起来，又体现了他对马克思主义的吸收。

马尔库塞还认为，现实世界是虚幻的、已经被破坏了的，而只有艺术的世界才保留了人们以及社会的原始的形态。现实中人们过分追求物质享受，追求快速的发展，忽略了很多东西，而这些只有在艺术中才能被实现。现实总是充满辛苦的劳动、疾病、死亡，代表着剥削、压抑和恐怖，而艺术则代表着理想、美好和自由。因此，马尔库塞主张使艺术成为现实的形式。人们必须通过审美来解放自己，充实和完善自己，然后才能解放现实社会。

艺术解放了人的意识，人们以一种新的意识去生活，那么解放了的意识就能全面促进科技和社会的发展，而且使发展更加健康，这样，现实就更加艺术化，世界也就会变得健康美好。

【图84】 ［法］查尔斯·拉克斯特《坐在长椅上阅读的男子和路过的妇女》

以读者为圆心

接受美学的创始人与代表人物是德国文学理论家、批评家汉斯·罗伯特·姚斯。

姚斯早年在海德堡学习，师从德国存在主义哲学的创始人海德格尔，后来获得博士学位。1967 年姚斯接受康斯坦茨大学的聘任，任罗曼语文学教授一职。在就职仪式上，他发表了题为“研究文学史的意图是什么、为什么?”的演说，产生了巨大的影响。在这次演说中，姚斯提出，以往的文学研究都局限在文学创作和作品表现领域，没有人注意到文学的接受方面。这一演说使人们注意到了一直被忽视的读者以及读者的接受过程。

在以往的文学研究中，人们都认为作家和作品才是文学艺术的核心与关键，而读者仅仅是被动地接受，无足轻重。事实并非如此。从大的方面看文学的创作过程，作者面对世界和内心情感，产生创作需要和热情，创作出作品。然而创作出的作品是供人们欣赏和评判的。他们或许是要通过自己的作品向人们传达一种思想和主张，来达到与他人进行心灵交流，甚至是教育的目的，或者仅仅是为了给人们带来娱乐。但不管是哪种情况，很少有人在进行了创作之后将作品收起来用于珍藏。也就是说，大部分的作品是面对读者的。因此，读者是文学活动中不可缺少的一环（图 84）。

面对作品，读者真的仅仅是被动地接受吗？在姚斯看来，不是的。人们在自己的阅读过程中也能体会到这一点。大戏剧家莎士比亚说过“一千个读者有一千个哈姆雷特”，不同的读者对同一作品会有不同的感受和解释，即使这些感受和解释并不是作者想要表达的，即使有些不同是细微的。但正是这些不同的解释，使得文章的寓意越来越丰富，使得作品在一代又一代的传阅中越来越丰满，永葆价值和生命。正是因为在历史上不同时代的读者对作品的阅读和阐释，才使文学具有了历史性。

读者对文学作品的接受是一个不断改变期待视野的过程，在这一过程中，审美感觉发生变化，审美能力得到提高。读者在阅读作品之前，由于自己的经历、经验，形成了一定的思想观念和审美趣味，在这基础上，面对文学作品，就会有一种预先的估计和期盼，这种估计和期盼就是“期待视野”。人的认知能力与理解能力是逐渐发展的，没有人能够在什么都不知道的“零”的状态下去接受新的东西，因此，面对新作品，读者总要具备一定的知识基础和理解结构，这可以说是读者的“先在视野”。任何一件作品都是新的作品，都不可能与之前的作品完全相同，但同时它又不可能完全是新的，它总会包含一些“旧”的内容，这些内容可以唤起读者以往的阅读记忆，引起读者的某些情感。作品中的不同于以往的新内容会与读者开始时的“阅读期待”产生碰撞，在渐渐接受这些新内容时，自己的期待视野就逐渐发生了改变。新文本唤起读者先前的期待视野，并在阅读新内容的过程中修正和改变它，产生新的审美感觉，形成新的期待视野。可见，文学接受过程是一个不断建立、改变、修正和再建立期待视野的过程。

姚斯的接受美学是从文学的社会功能角度出发提出的。从古至今人们不断地研究文学的创作和欣赏等过程，但是人们进行文学活动是为什么呢？在姚斯看来，文学的功能在于作品的社会效果。文学是人的活动，人是社会中的人，社会属性是人的本质属性，人们的一切活动、一切情绪都与社会密切联系，因此研究文学就不能脱离社会。文学作品被创作出来，进入读者的视野，读者根据自己对生活的理解，在原有的“期待视野”基础上阅读作品，然后对世界、对生活形成新的理解，并指导自己以后的行为。姚斯认为，文学正是通过这一过程来发挥自己的功能、实现自己的价值的。从长远来看，文学通过对单个的读者产生影响，进而对很多人产生影响。在一段较长时间后，文学就能够在一定程度上改变整个社会的观念，改变陈旧的社会习俗，建立新的道德准则。

姚斯的贡献无疑是伟大的。他带领人们关注到以前所忽视的领域，使人们重视作品的历史性和社会性，他使读者面对文学作品时更加具有自主性，更加大胆，同时也使作者在创作时更加重视作品的社会功能。这些都对文学的发展产生了积极的影响。

外国美学

策　　划 | 高　欣
销售总监 | 彭美娜
营销编辑 | 王晓琦　张　颖
装帧设计 | 高高国际
品牌运营 | 孙　莉
执行编辑 | 陈　静
技术编辑 | 李　雁

微信公号 | 高高国际

法律顾问 | 北京万景律师事务所　创始合伙人　贺芳　律师